通识简说·科学系列

简说地质学

探矿寻宝话沧桑

顾　问／温儒敏　主　编／赵　榕　尹　超／著

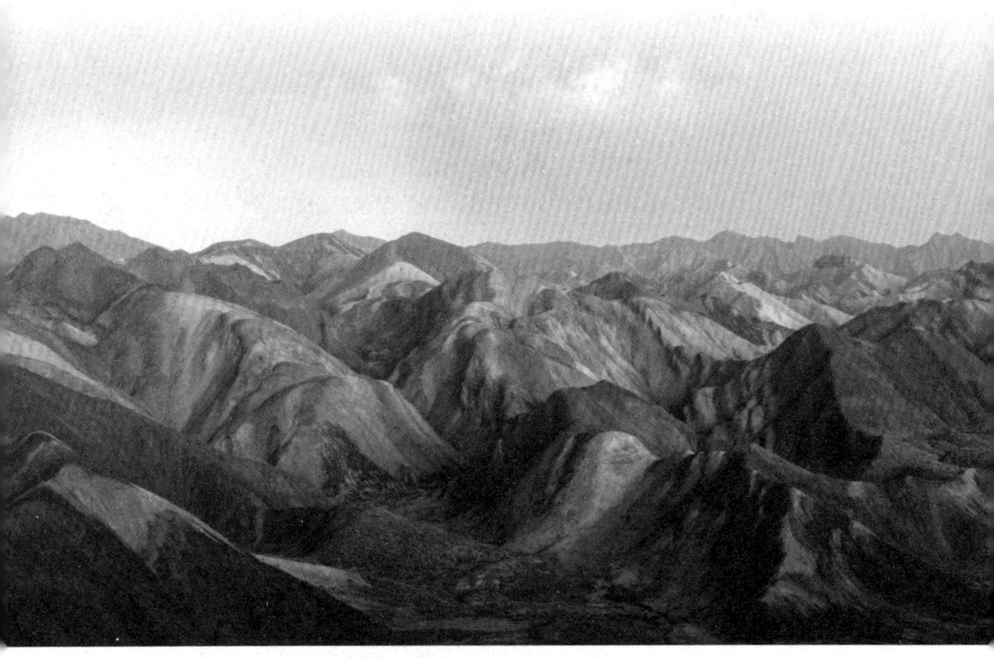

SPM 南方出版传媒

全国优秀出版社　全国百佳图书出版单位　广东教育出版社

·广　州·

图书在版编目(CIP)数据

简说地质学：探矿寻宝话沧桑／赵榕主编；尹超著. —广州：广东教育出版社，2019.6
（通识简说. 科学系列）
ISBN 978-7-5548-1704-9

Ⅰ. ①简… Ⅱ. ①赵…②尹… Ⅲ. ①地质学—青少年读物 Ⅳ. ①P5-49

中国版本图书馆CIP数据核字（2017）第080120号

策　　划：温沁园
责任编辑：邱　方　李南男　孙玉扉
责任技编：涂晓东
版式设计：陈宇丹
封面设计：陈宇丹　关淑斌
插　　图：葛　南　刘　欣

简说地质学　探矿寻宝话沧桑
JIANSHUO DIZHIXUE
TANKUANG XUNBAO HUACANGSANG

广东教育出版社出版发行
（广州市环市东路472号12-15楼）
邮政编码：510075
网址：http://www.gjs.cn
天津创先河普业印刷有限公司印刷
（天津宝坻经济开发区宝中道北侧5号5号厂房）
890毫米×1240毫米　32开本　6.75印张　135 000字
2019年6月第1版　2020年10月第1次印刷
ISBN 978-7-5548-1704-9
定价：39.00元
质量监督电话：020-87613102　邮箱：gjs-quality@nfcb.com.cn
购书咨询电话：020-87615809

总 序

互联网的出现，尤其是智能手机的使用，让现代人获取知识的方式有了翻天覆地的改变。在我当学生的时候，是真的每天在“读”书，通过大量的阅读，获取第一手的资料，不断思考探究，构建自己的知识体系。而今天呢？一个孩子获取知识，首先想到的是动动手指，问问网络。

学习的方式便捷了，确有好处，但削弱了探寻、发现和积累的过程，学得快，忘得也快。有研究表明，过于依赖互联网会造成人的思维碎片化，大脑结构也会发生微妙的变化，表现为注意力不集中、记忆力减退等。看来我们除了通过网络来学习知识，还得适当阅读纸质书，用最传统的、最“笨”的方法来学习。这也是我一直主张多读书，特别是纸质书的缘故。我们读书必然伴随思考，进而获取知识，这个过程就是在“养性和练脑”，这种经过耕耘收获成果的享受，不是立竿见影的网上获取所能取代的。另外，我也主张别那么功利地读书，而是要读一些自己真正喜欢的书，也就是闲书、杂书，让我们的视野开阔，思维活跃。读书多了，脑子活了，眼界开了，更有助于考试取得好成绩。

有的小读者可能会说，我喜欢读书，但是学校作业很多啊，爸爸妈妈还给我报了很多课外班，我没有那么多时间读“闲书”呀！这个时候，找个“向导”，帮你对阅读书目做一些精选就非常必要了。比如你喜欢天文学，又不知道如何入门，应当先找些什么书来看？又比如你头脑中产生了一个问题——为什么唐代的诗人比别的朝代要多很多呢？这时候你需要先了解唐诗的概况，才能进一步探究下去。在日常的生活和学习过程中，诸如此类的小课题很多，如果有一种书，简单一点、好懂一点，能作为我们在知识海洋里遨游的向导，那就太好了。广东教育出版社出版的“通识简说”，就是一位好“向导”。

这套“通识简说”，特点就是简明扼要、生动有趣，一本薄薄的书就能打开一个学科殿堂的大门。这是一套介绍“通识”的书，也是可以顺藤摸瓜、引发不同领域探究兴趣的书。这套丛书覆盖文学、历史、社会和自然科学的方方面面，第一期先出十种，分为国学和科学两个系列。《回到远古和神仙们聊天——简说中国神话传说》《古人的作文有多精彩——简说古文名篇》《简说动物学——动物明星的生存奥秘》《简说天文学——“外星人”为何保

持沉默？》……看到这些书名你就想读了吧？选择其中一本书，说不定就能引起你对这门学科的兴趣，起码也会帮你多接触某一领域的知识，很值得尝试哟。每本书有十多万字，读得快的话，几天就能读完，读起来一点都不累。图书配的漫画插图风趣幽默，又贴合主题，也很有味道。

希望“通识简说”接下来能再出10本、20本、50本，让更多的孩子都来读这套简明、新颖又有趣的书。

温儒敏

（北京大学中文系教授，统编语文教材总主编）

开篇的话

地质学是什么，它和我们的生活有什么联系呢？或许在你的印象中，从事地质学研究就是要跋山涉水，与冰冷的大山和石头为伴；或许你会觉得，地质学只不过是为工业生产寻找矿产资源和原材料的，与我们的生活关系不大。其实，地质学就在我们的生活中，渗透到我们衣食住行的方方面面。

我们的衣食住行离不开矿产资源。说起矿产资源，你会想到什么呢？或许你会想到地质博物馆中的一块块矿石，一件件矿物标本；或许你会想到工厂生产的原料；抑或是地质学家们翻山越岭寻找的宝贝。一些地质学课本或者网上会给出这样的定义：矿产资源指经过地质成矿作用而形成的，天然赋存于地壳内部或地表，埋藏于地下或出露于地表，呈固态、液态或气态的，并具有开发利用价值的矿物或有用元素的集合体；矿产资源属于非可再生资源，其储量是有限的；按其特点和用途，矿产通常分为石油、煤炭、金属和非金属四类，是具有经济价值或潜在经济价值的富集物。这样的定义难免有些专业和拗口，其实我们可以这样理解：第一，矿产资源是天然形成的；第二，矿产资源具有开发和利用价值；第三，矿产资源可以是矿物，也可以是特殊的岩石及化石燃料；第四，矿产资源储量有限，其形成需要漫长的过程，不是取之不尽，用之不竭的。

那么在生活中有哪些矿产资源？首先就从我们的家说起。家是心灵的港湾，家是一间温暖的小屋，家是我们最终的归宿。那么家中到底有哪些矿产资源？

我们先从墙说起。目前大部分墙使用的是石膏墙板。石膏是硫酸盐矿物中的一员，它的硬度还不如手指甲呢。别看它很软，用途却很广泛。美术雕塑用的塑像是石膏，治疗骨折用的夹板也是石膏。此外，盖房需要用到水泥，现在建筑用的水泥一般为硅酸盐水泥，主要的原料有石灰石、黏土、少量的石膏及其他混合料。其次，屋子要有门窗，窗子上有玻璃。窗子很多采用铝合金和不锈钢做窗户框。铝合金中的铝大多来自铝土矿，而不锈钢中的铁则是来自铁矿石。玻璃的主要成分是二氧化硅，这些二氧化硅主要来自于被称为石英的矿物。厨房和卫生间还要贴墙砖，装马桶和洗手池，需要用到陶瓷。这些陶瓷一般采用黏土、长石和石英等矿物烧制而成。再次，居家过日子，需要生火做饭，使用煤气或天然气。此外，冬天需要取暖，不管是自己生炉子还是用暖气，也都要燃烧煤炭或天然气。这些都是在消费化石燃料。现代生活离不开电，而绝大部分电能来自燃煤，电线里的铜则是金属矿产。

看见没？我们居家生活中就至少直接或间接用到十几种矿产资源。当然家中还有各种各样的家用电器，里面涉及的矿物就更多了。例如一些电容器的芯片制作需要云母，一些仪表电器里要用到石英，等等。

出门旅行，我们不可能只靠徒步，经常会乘车，一乘车就又离不开矿产资源了——绝大部分汽车要烧油，而石油是重要的矿产资源。汽车的外壳是钢材，提炼于铁矿石。汽车行驶的公路是沥青铺成的，而沥青则取自石油。汽车还要有喇叭，而喇叭是一块大的磁铁，来自磁铁矿。如果乘火车，火车行驶的钢轨、火车的车轮和车身都来自金属矿产。火车消耗的能源以前是燃煤，后来改为燃油，目前基本都改成电力机车——电能大部分也是消耗化石燃料的结果。飞机更不用说了。

生病去医院，医生检查用的各种仪器都来自金属矿产。这里要说的是，如果胃发生溃疡，那么还有一种矿物就得用上了，那就是重晶石。重晶石是生产工业和医用硫酸钡的重要矿物原料，它的主要化学成分是硫酸钡，而硫酸钡正是胃镜检查时，病人食用的钡餐。钡餐在含有盐酸的胃酸中不会溶解，从而可以像摄入的食物一样成功黏在胃壁上。胃壁有溃疡等表面损失的部位则无法黏上。对胃部进行X光拍摄，由于X光无法透过硫酸钡固体，钡餐将在照片上留下阴影，而未留下阴影的部分即为病变部位。此外很多矿物都是入药的成分，像滑石具有利水通便、清解暑热之功效；蛇纹石具有活血化瘀的功能；等等。

那么吃穿又和地质有什么关系呢？我们吃的粮食作物和蔬菜瓜果都生长在土壤中，土壤是岩石风化的结果，土壤中的化学元素含量对人体健康的影响可不容小觑。我们的饮用水多来自河流、湖泊乃至地下水，水的矿化程度受到地质因素的影响很大，会间接对我们的健康产生影响。我们穿衣用的布料虽然来自植物纤维或者动物皮毛，但是在生产过程中经常要使用一些矿物填料增加其柔韧性。当然布料上的花纹图案很多都由矿物颜料染成。说到吃，除了食物外，我们不得不提餐具——现在的餐具多用瓷器制成，瓷器则是用黏土矿物烧制而成。

随着生活水平的提高，温饱问题已经不再是多数人关心的首要问题。人们开始追求新的生活，追求美和艺术。例如出门旅行，欣赏美景，让心灵回归自然；又如佩戴一些珠宝玉石，装饰自己的外表，追求一种气质美；再有就是搞绘画、陶瓷等艺术品的创作。以上这些同样离不开地质学知识。

首先我们谈谈旅行。旅行，顾名思义就是去大自然欣赏美景，追求自然。你知道吗？很多旅游景点都是地质作用的杰作。宏伟的东岳泰山，是古老的片麻岩造就的山体。长白山天池、黑龙江五大连池是火山口湖。峻峭的黄山，是1亿多年前地下岩浆活动形成的花岗岩山体。被誉为“童话世界”的九寨沟，是冰川活动形成的沟谷和堰塞湖缔造的神话。惟妙惟肖的云南石林、流光溢彩的北京石花洞、奇特的重庆武隆天生桥、美不胜收的四川黄龙钙华五彩池，都是喀斯特作用的结果。还有被风吹出来的新疆魔鬼城，被流水切出来的长江三峡……都与地质作用密不可分。

珠宝玉石更是大自然赐予人们的礼物。宝石之所以为宝，是因为它们具有美丽、耐久、稀有的特点。宝石分为西

方宝石和东方宝石两大类。西方的宝石主要是一些高硬度、美丽的矿物，佩戴在身上显得雍容华贵。像钻石，就是宝石级的金刚石；红宝石和蓝宝石是宝石级的刚玉；碧玺是宝石级的电气石；祖母绿和海蓝宝是宝石级的绿柱石；托帕石是宝石级的黄玉；欧泊是蛋白石；水晶是宝石级的石英。此外石榴子石、橄榄石、锂辉石等矿物，只要晶莹剔透、颜色艳丽，都可成为宝石材料。东方的宝石主要是玉石，还包括文房用石，充满了东方文化，也象征君子的美德。我们熟悉的玉石大多为变质作用形成的岩石和矿物，如新疆和田玉的主要成分是透闪石；寿山石、青田石这样的印章石中含有叶蜡石这种矿物。

我们绘画和烧制瓷器用的颜料很多从矿物中提取，而制作绘画用纸需要用矿物作为填料。山石流水也是历代画家笔下的重要素材之一。当然，作为古代文人雅客的居所布置，观赏石必不可少，像太湖石、灵璧石这样的石中精品，是大自然亿万年地质作用的精华。

生产建设离不开地质学。今天我们能够乘坐火车直达世界屋脊、享受城市便利的地铁交通；能够在100层摩天大楼上观景；能够驾车在跨海大桥上飞驰；能够使用从西部输送的天然气和电能；能够喝上从千里之外调来的水，都离不开地质学。

被誉为“天路”的青藏铁路，其施工最难的地方不在于其海拔的高，而是其要穿越青藏高原冻土带。冻土的特点是有冻融作用，会使得土面变形，从而对工程建设产生影响，解决冻土问题需要地质学家会商。又如北京地铁9号线北段为什么比南段推迟两年通车？这是因为北段在地下要穿越砾石层，在施工过程中面临着透水的风险，解决这些问题同样需要应用地质学。当然我国的西电东送、西气东输和南水北调这样的宏伟工程的建设更需要应用地质学。

此外，住在山区的同学不知是否思考过，你住的房屋安全吗？当遭遇地震、滑坡、泥石流等灾害时，你如何做才可以最大可能地保护自己的生命？这些灾害发生的原因何在，哪些地区是这种灾害的易发区？这些都涉及地质学的知识。

天气变化与地质学息息相关。明天是否刮风下雨，是否有讨厌的雾霾和沙尘暴，这直接影响着我们的生活和出行。你知道吗？天气的变化也与地质，特别是地貌息息相关。

就以北京为例。北京的西部和北部被太行山系和燕山山系阻隔，形成类似簸箕的地形，对北京城市中的污染物扩散极为不利，这也是北京多雾霾天的元凶之一。再如我国西北地区的干旱以及山区的气候多变，都是地质因素造就的。

总之，地质学就在我们的生活中，了解和掌握一些地质学知识，会给你的生活增添色彩。那就请翻开这本书，一起走进自然，亲近一下形形色色的石头，探索地球的奥秘吧！

目录

第一章

读万卷书，行万里路

——地质旅行

“读万卷书，行万里路”是我们耳熟能详的至理名言，也是很多科学家、文学家、画家的人生座右铭，从事地质研究更是如此。地质学到底研究什么呢？或许大家第一个反应是研究山和石头。没错，但这只是浅层次的理解。准确来说地质学是通过研究山川的演变、研究各种岩石的成因来揭示地球的演化规律，从而为寻找矿产资源、为人们的日常生产生活服务的一门学科。

地质学离不开野外实践。像南北朝地理学家郦道元，从小就对河流产生了浓厚的兴趣。做官后，他曾游历多地，观察各地的地理和水文情况，在掌握大量实际资料的基础上写成了《水经注》。书中不仅纠正了以往关于河道发展、河流流向、流域等的错误记载，还记录了大同地区的火山和煤炭资源，以及湖南出产的石燕贝化石。明代地理学家徐弘祖从22岁开始，花了34年的时间进行野外考察，足迹遍布今天的16个省区，写下了《徐霞客游记》。

当然，作为不从事或将来不打算从事地质学研究，但对于山川、岩石感兴趣的普通爱好者来说，我们出去游玩，特别在山区游玩时，不妨做一番有心的观察，拍摄一些既汇集自然之美，又富含科学之理的照片，这岂不是一件很有意义的事？

地质旅行观察什么

地质旅行固然是在山区进行的，有时候我们会徒步或者骑单车近距离看山，更多的时候是乘汽车或火车在山区穿行，不论选择哪种交通方式，我们都可以获取一些关于山石的科学信息。

我们知道山是由岩石组成的，岩石按成因分为三个大类群，再细分其种类数不胜数。岩石的种类对于山体的形态影响巨大。如果我们看到比较陡峻的山，尖峰刺天，而且岩石呈黄色、褐色或微微的粉红色，并有古松自悬崖伸出，那么此山可能由花岗岩类、玄武岩类或较为坚硬的变质岩组成。我国的黄山、华山都是花岗岩山体，而东岳泰山则是由花岗岩变质形成的片麻岩山。如果山峰较为圆润，群山林立，山色清灰，则可能为碳酸盐类山体，例如贵州兴义的万峰林。还有一些山体通红，表面感觉很粗糙，则可能是红色砂岩山体，如广东的丹霞山。

除了通过观察山体形态和颜色来鉴别其组成的岩石外，我们还要观察地层。由沉积岩构成的山层状结构明显，有的岩层水平，有的岩层倾斜，还有的岩层弯曲变形。对于岩层水平或微微倾斜的岩层来说，老地层在下，新地层在上。对于弯曲变形的岩层来说，我们着重看其弯曲的方向和形态。岩层的弯曲在地质学上称为褶皱，如果岩层呈现对称，且为中轴垂直的拱桥（背斜）或凹槽（向斜）状，那么说明岩层受到两侧力的均匀挤压而变形，此时还是老地层在下、新地层在上。但是如果地层弯曲形态复杂，甚至像叠好的被子平卧着弯曲，则说明地层发生了倒转。岩层的弯曲程度往往说明了一个地区地壳运动的活跃和激烈程度。当然，在一些地区，我们还可以看到岩层发生中断、错位，甚至可以看出成排的三角面山，这便是断层。

当有机会近距离观察山体和岩层时，你还可以看到更为细腻的结构。有的岩层层面上会有斜角的纹层，也就是交错层理；有的岩层层面上，颗粒粒度有从大到小变化的趋势。此外，岩层上有时还能看到波浪纹、雨痕、冰雹痕，一些岩石表面还可以看到纵贯岩石表面、相互截交的岩脉。这些都是大自然记录下来的古环境的信息。

上述这些内容，如果能够记录到本子上，配以素描，并拍摄清晰的照片，那将是非常珍贵的地质资料。如果你每次出门都能够将这些资料记录好，并获取里面的科学道理，那么数年后，你就会成为一名具有很高专业水平的爱好者，也就是业余地质学家。

当然，如果在野外能收集几块别具特色的岩石也是不错的收获。对于一般的奇石爱好者来说，可以在山脚下或者河床上捡一些有特色的砾石，例如有漂亮花纹或者呈现鲜艳色彩或是半透明的砾石。对于地质学爱好者而言，

最好能备有专业地质锤从岩层层面打标本，并将标本的采集地点进行拍照和文字记录，回去后将采集的标本编号装盒，成为个人的收藏品。

下面，就请大家跟随笔者到山西大同和北京房山去做两次地质旅行吧。

山西大同的地质旅行

大同是山西北部的一座现代化城市，是我国著名的煤乡，拥有很多名胜古迹。巍峨的北岳恒山高耸挺拔，而建在山腰上的悬空寺堪称中国建筑史上的奇迹；已经历1500多个春秋的云冈石窟让人们依稀看到北魏时期佛教文化的辉煌，还有那一座座已经熄灭的火山更给人一种沧桑的美感。我们的地质旅行选择大同古火山群、云冈石窟和悬空寺三个点进行。

大同古火山群是我国第四纪火山群之一，目前已知的有30多座。当我们驱车从大同县古火山群穿过时，会看到火山的形态各不相同，有的像倒扣的一口锅（穹隆状）；有的是一座标准的圆台，火山口非常清晰；还有的一侧出现了缺口，形态呈现马蹄状。在山脚下，你还有机会捡到满是气孔的玄武岩。那么这些玄武岩到底是什么时候形成的呢？郦道元的《水经注》曾记载：“山上有火井，南北六七十步。源深不见底，炎热上升，常若微雷发响。”可见在南北朝时期，这里还有火山活动，故这里的岩石年龄都不老。我们在野外遇到的岩层年龄通常动辄几百万、上千万甚至是数亿年，能采集到年龄只有几千年顶多万余年的年轻岩石也是别有一番风趣。

从大同县驱车向南，到达浑源县，就抵达了北岳恒山。悬空寺位于恒山脚下的金龙峡，建在悬崖峭壁上，悬在半空之中。悬空寺在悬崖上千年不倒的秘诀除了其建筑设计巧妙外，山体的岩石也有一份功劳。我们仔细观察山体，发现山石的颜色发白、发灰，且山顶不尖，呈现凹凸起伏状，这是典型的碳酸盐岩山体。碳酸岩虽然在流水的

恒山悬空寺景区——悬空寺屹立在石灰岩上

面前很脆弱，但是其坚硬，稳定性强，可谓是悬空寺可以依赖的“靠山”。在悬空寺脚下的山体，我们还会找到一层层包含有竹叶状碎屑的岩层，这就给我们解读恒山早期的环境提供了线索。原来恒山上的碳酸岩是远古时期大海沉积的产物，那些竹叶状的碎屑叫作风暴粒屑灰岩，是远古海洋风暴的产物。后来随着地壳运动，这些远古海洋沉积的碳酸盐物质先是下沉到地下深处，后又被抬升到地表，构成北岳那巍峨的躯体。那么这里的海洋到底有多远古呢？据地质资料记载，华北地区早在4.7亿年前的早奥陶世就告别了海洋环境成为陆地，也就是说恒山是在数亿年前的大海中孕育，又经过之后的风风雨雨和沧桑巨变而挺拔起的巨人，其身世可以写成一部传奇小说了。

竹叶状灰岩——这是古海洋风暴的产物

最后我们来到大同市郊的云冈石窟。在景区门口的地摊上，你会看到一些用煤精制作的雕刻着云冈石窟主佛形象的纪念品，足见这里是产煤的地方。到了主景区，你会发现一些佛像已经斑斑驳驳，模糊不清。在石窟崖壁上，你还能看出一些酷似水波纹交错纵横的纹层。那么云冈石窟斑驳的面容、崖壁上交错的层纹以及煤炭资源之间会有什么联系呢？原来云冈石窟雕刻在古河流沉积的砂岩上，由于砂岩受到强烈的风化作用才使得石窟的佛像斑斑驳驳。崖壁上那酷似水波纹的交错纵横的纹层叫作交错层理，是古河流流水形成的。古代的河岸边常会形成湿地和沼泽，其中生长的植物不断地死亡形成腐泥，这些泥又经过亿万年的地质作用形成了煤炭。在距离云冈石窟1千米的地方就是大同的晋华宫煤矿，这里煤矿的成煤期和云冈石窟雕凿的崖壁为同一时代——恐龙咆哮的侏罗纪。

可以说，在大同进行地质旅行，我们既感受了数千年前古火山的温度，又从恒山的山体上看到几亿年前风暴肆虐的大海，还从云冈石窟的崖壁上推出一条1亿多年前的大河，多么奇妙啊！

北京房山周口店的地质旅行

北京房山周口店不仅是我国古人类研究的始发地，也是我国古生物学朝阳升起的地方。中华人民共和国成立后，周口店遗址及其周边地区又成为地质院校的重要实习基地。我们的地质旅行从猿人遗址开始。

猿人居住的山叫龙骨山，龙骨山整体灰白，还有宽敞的山洞，也就是猿人的居所。为什么叫“龙骨山”呢？原来

是因为山洞中有能入药的龙骨，也就是第四纪哺乳动物的化石。这些哺乳动物与猿人关系密切，有些就是猿人的猎物。

猿人居住的“房子”是他们建造的吗？“房子”结实吗？这就要从龙骨山岩层的岩性入手了。龙骨山灰白色的岩石就是石灰岩，它在地层上划分到奥陶系马家沟组，是4.7亿年前在大海中沉积的碳酸盐岩。石灰岩比较坚硬，可是一遇到水就“服软”。猿人的“家”实际就是发育在石灰岩内的溶洞，这些洞穴为他们提供了遮风避雨的场所，而且冬暖夏凉。不过随着岩溶作用的继续进行，“房子”可不太结实了，最终猿人洞垮塌，猿人也就迁居他乡了。

北京猿人居住的石灰岩溶洞

在猿人洞内还找到了大量的石器，有些石头花花点点，完全不像是洞壁上的岩石。那么这些花花点点的岩石是从哪里来的呢？沿着猿人洞外的公路向北走1千米，我们会进入一个村庄，那里有个采石

周口店带有包裹体的花岗岩，是1.3亿年前地下岩浆活动的产物，也是古人类制作石器的石料之一

场。采石场的石料就是这种花花点点的岩石，叫花岗岩。这里的花岗岩是1.3亿年前地下岩浆上涌冷凝后的产物。1.3亿年前，正是恐龙咆哮的时期，此时脚下的大地很不平静，北京所在的华北地区地壳经历多次抬升和下降，火山活动十分活跃，好似历史时期的革命运动。地质学家把此时期的“革命运动”称为燕山运动。

在猿人洞的东北侧，隔着河流还有一座小山包，叫作太平山。乍看上去，它不高也不起眼，可是在山中却隐藏着一段北京地区沧海桑田的变迁史。从山脚下向上攀爬，最开始见到的岩石和龙骨山一样，是灰白色的石灰岩。可是在半山腰，你会发现岩石突然有了显著变化，含有圆滚滚的砾石的岩层出现在面前。再往上会看到煤线以及含碳量很高的岩石，十分奇妙。根据北京地质志记载，地质学家还在这里找到过植物化石。这是怎么回事呢？其实下面的岩层是大海中沉积的奥陶系马家沟组的碳酸盐岩，有4.7亿年了；之上覆盖的是石炭系太原组的陆地沉积的碎屑岩和煤层，距今大约3亿年，两者之间有1.7亿年的时间差。那么这1.7亿年为什么会凭空消失呢？此外刚才提到的“××系××组”岩层又是怎么一回事呢？

你如果熟悉地质年代，一定知道三叠纪、侏罗纪和白垩纪，这是恐龙时代的三个“纪”。在这三个纪之前还有一些“纪”，如寒武纪、奥陶纪、志留纪、泥盆纪、石炭纪、二叠纪等。所谓××系，实际上是××纪形成的岩层。不过地层的划分不完全按照地质年代，和我们人群一样，遵循“物以类聚，人以群分”的道理。大家都有微信群、QQ群，群内关系密切，年龄相近、共同语言多的人还可以组成讨论组，那些有代沟的人是不会成为一个组的。与此道理一样，岩层之间也会有代沟，像刚才提到的周口店太平山上奥陶系马家沟组石灰岩和石炭系太原组碎屑岩，两者年龄差了1亿多年，岩石性质也不同，当然会分成两个“组”了。根据岩石的性质，从大到小依次分为“群”“组”“段”“层”。那么太平山上相邻的岩层为什么会出现如此大的“代沟”呢？这是构造运动的结果。当构造运动将一地抬升到陆地以后，就不再接受沉积物的沉积，故而出现了岩层时间上的间断。

从猿人洞到北边的采石场，再到太平山上的考察，我们就可以初步描绘出周口店地壳演化史。在4.7亿年前的奥陶纪早期，这里还是一片汪洋大海，海底沉积了大量的石灰岩。后来由于大规模的地壳抬升，海洋环境宣告结束，周口店地区变成了遭受风化剥蚀的环境，这种状况一直持续了1.7亿年，跨越了奥陶、志留、泥盆和石炭四个纪。到了3亿年前的石炭纪晚期，这里成为离海不远，有河流和湿地的陆地环境，河流和湿地重新沉积了碎屑物质，湿地中大量生长的植物后来成为煤炭资源。在恐龙时代，周口店地壳活动剧烈，地下岩浆大量上涌，形成了花岗岩体。进入新生代后，伴随着大规模地壳上升运动，以前沉积的石灰岩、陆地碎屑岩以及地下形成的花岗岩被抬升到地表，形成山脉，包括猿人居住的龙骨山、龙骨山对面的太平山以及由花岗岩形成的山体。龙骨山由于是石灰岩山体，遭受岩溶作用发育了洞穴，为几十万年前的北京猿人提供了温暖的家，同时花岗岩山体为北京猿人提供了制作石器的原料。但是随着龙骨山洞穴的坍塌，北京猿人最终离开周口店远走他乡。到了1.8万年前，比北京猿人更为进化的智人又重新居住在龙骨山的山顶洞内。他们的相貌和我们中国人十分相似，会制作更为精良的石器，还能缝制衣服，用贝壳制作首饰，这就是山顶洞人。

可以说，地质旅行就像是考古，通过山体岩层留下的蛛丝马迹可以推断历史场景，揭开很多的谜题和故事。如果有时间，请到大自然去探秘吧。

第二章

神奇的“书签”

——简说地质年代

当你读书的时候，你是否有使用书签去标定特殊章节的习惯呢？其实地球就是用岁月写成的一本巨厚的史书。这部史书也需要分章分节，在章节之间也需要用一枚枚神奇的“书签”去标定。这些书签可以有形，也可以无形。它们就像打开时空大门的使者，与你对话，给你讲述一个个动人的传奇故事。

地球历史分章分节

学过中国历史的人都知道中华五千年的文明史可以依照社会形态、朝代、皇帝以及皇帝的年号从大到小分为不同的时期。在每个时期之间都会有一个历史事件作为“书签”。特别是社会形态之间的转换，往往伴随着一场场轰轰烈烈的革命运动或战争。在历史中，还有某些人物对于历史的发展起到了特殊的作用。其实，我们研究地球的历史和研究中国历史是很相似的，也要从大到小划分为许多章节，每个章节之间也有特定的“书签”，也有故事。在地球历史中也有“著名人物”，如某段时间、某块陆地、某座山脉、某种古生物，我们同样需要给它们写传记。

中国历史从大到小可以划分为“社会”“朝代”“皇帝”“年号”，那么地球的历史可以对应划分为“宙”“代”“纪”“世”，这种对应还是很工整的。更为巧合的是，我们研究中国历史或世界史常以一个世纪（100年）作为纪

年单位，而地质学上的基本纪年单位恰好扩大10 000倍，即100万年。

“宙”我们可以看作是地球历史的“社会形态”。不同的社会形态，其社会面貌、生产力水平是完全不同的。同样，地球历史中不同的“宙”，地球面貌大相径庭。地球46亿年的历史只有四个宙：冥古宙、太古宙、元古宙和显生宙。冥古宙就像是中国历史中的原始社会，从46亿年前开始，大约38亿年前结束。在这段时间里，地球上没有生命，也没有多少岩石记录，可谓是空白期。我们知道，文字的出现，是人类历史新的一页，不仅推动了社会生产力的发展，也促进了社会形态从原始社会向奴隶社会的过渡。那么，38亿年前生命的诞生，同样也是一个标志性的事件，从此地球进入了太古宙。太古宙因为生命的出现，开始有了化石记录，空气中也开始有了氧气。25亿年前开始的元古宙，我们不妨将其类比于人类历史上的封建社会。生命继续演化发展，真核生物出现，由生物作用形成的大量沉积岩开始出现。当然，这个时期还有一个重要事件就是地球上的陆地开始形成，我们的地球真正成为一个有海有陆的星球。5.4亿年前大规模复杂的生命短时间突然出现，就好比英国资产阶级革命，或者是中国的鸦片战争，地球的近代史由此开始，也就是显生宙。地球面貌大为不同，从一个死气沉沉的世界真正变成了生机勃勃的世界。

学习中国历史使我们知道，越古老的阶段，其划分越模糊，年代标定越不清晰；越近的阶段，划分越精细。地球的历史也同样如此，冥古宙根本没有再进一步划分。太古宙和元古宙也只不过划分为早、中、晚三个阶段，分别为古太古代、中太古代、晚太古代；古元古代、中元古代和新元古代。除了新元古代外，其他几个代没再往下划分“纪”。从新元古代末期开始，才进一步划分为“纪”，每个纪下还划分为“世”，“世”再往下还有“期”。

地球历史上的各个“纪”

相信你最熟悉的地质年代名称莫过于“侏罗纪”了，因为那部享誉全球的恐龙影片。之后我猜一定是“三叠纪”和“白垩纪”，因为这两个纪和侏罗纪一起构成了伟大的恐龙王朝。当然古生代的寒武纪或许你也不会陌生，因为那是大名鼎鼎的三叶虫繁盛的时代。

其实，在显生宙这短短的5.4亿年历史中，地球的历史可划分为三个“代”，12个“纪”，再加上新元古代末期的埃迪卡拉纪，共有13个纪已经被国际地质学界正式承认。在埃迪卡拉纪之前，我国学者还划分了蓟县纪、长城纪；国外还有成冰纪等名称，但这些仍需要国际地质学界的确认。

“埃迪卡拉纪”毫无疑问是以澳大利亚的埃迪卡拉动

物群命名的。今天在澳大利亚，我们可以一览大堡礁这样的海底美景。而在5.6亿—5.8亿年前，澳大利亚的海底也是一派繁荣的景象，像翩翩起舞的水母，以及酷似芭蕉叶一样的腔肠动物已经成为海洋的主人。这些动物的化石因其发现地是澳大利亚南部的埃迪卡拉地区，故得名为“埃迪卡拉生物群”。或许正是这远古的生命打动了更多的地质学家，在最终投票时，埃迪卡拉生物群以微弱的优势战胜了中国学者提出的“震旦纪”，成为新元古代最后阶段的标尺。根据最新的国际地层年代表，埃迪卡拉纪的时间为6.3亿年前—5.42亿年前。

从5.42亿年前开始，地球进入了古生代。古生代可以依次分为六个纪，分别称为“寒武纪”“奥陶纪”“志留纪”“泥盆纪”“石炭纪”和“二叠纪”。“寒武”“奥陶”“志留”和“泥盆”都来自英国。“寒武”来自威尔士的坎怖连山脉（Cambrian），日文译作寒武。“奥陶”和“志留”都是威尔士的一个古老民族。“泥盆”则是英国南部的德文郡（日本译作“泥盆”）。石炭纪毫无疑问代表着地球历史时期的第一次大规模“成煤”期。二叠纪则是因为最初科学家们发现此时期的岩层具有明显的二分性。

2.5亿年前，地球进入了中生代。中生代的三个纪为“三叠纪”“侏罗纪”和“白垩纪”。三叠纪是因为岩层具有明显的三分特征；侏罗纪的名称是源于德国、瑞士、法国三国交界处的侏罗山；白垩纪来自于白垩土，这是一种由颗石藻、海绵等微生物沉积形成的白色土壤。这种白土在恐龙时代晚期的地层中大量出现，而且可以用来制作粉笔。

从6600万年前开始，地球进入了新生代。新生代的三个纪分别为“古近纪”“新近纪”和“第四纪”。“古近纪”和“新近纪”是新世纪以后才有的名称，以前它们合称为“第三纪”。很显然，它们代表了离现在较近的一段时光。第四纪则是以前地质年代系统中的残留。以前，科学家们将含有化石的地层分成了第一纪、第二纪、第三纪和第四纪。前三个已经被取消，之所以保留“第四纪”，不仅因为它离现在最近，还因为其地质和考古学上的重要意义。第四纪已经成为地质学下属的一门重要学科。

地球历史上的“风云人物”“历史事件”和“革命运动”

关于中国历史，不知你是否喜欢去研究。在历史上有许多风云人物、历史事件和革命运动。其实在地球历史上也有。那些“风云人物”是对生命起源、演化有重要意义的古生物，或者是大陆板块。“历史事件”有生物的灭绝与复苏事件。造山事件、缺氧事件、大陆拼合与分裂事件等都与“革命运动”有关。在地球历史上的“革命运动”我们称之为“构造运动”。

首先，我们举几个“风云人物”。例如古生代的三叶虫，它的演化经历了3亿年之久，形成了庞大的家族，地球历史上的寒武纪也被称为三叶虫时代，三叶虫化石不仅对科学家划分地层、研究古环境有重要意义，其化石之优美也成为现代大众收藏的宠儿。再如肉鳍鱼类——正是它们的登陆，脊椎动物才开拓了陆地的疆土，之后进化出了四足动物，这其中就包括我们人类。当然大名鼎鼎的恐龙、猛犸象等就不必多说了，大家可以参阅《神奇化石多奥妙——简说古生物学》这本书。值得注意的是，一些大陆、海洋也可以作为“历史人物”被研究。例如印度次大陆，它原来是和非洲、南极洲、澳大利亚连成一个整体的，后来分裂北移，最终在大约5000万年前与欧亚大陆碰撞，形成喜马拉雅山系和青藏高原。再如特提斯洋，它在古生代就出现了，经过不断地像手风琴一样的开开闭闭，目前几乎消失，只残留地中海这一小块洋盆。

除了“历史人物”，还有很多“历史事件”。这些事件包括生物的大爆发和灭绝事件，全球气候变化事件，陆地的分裂与碰撞事件，等等。就生物事件来看，寒武纪生命大爆发、奥陶纪末大灭绝、泥盆纪脊椎动物登陆、泥盆纪生物大灭绝、二叠纪末大灭绝、三叠纪生物大辐射、三叠纪末大灭绝、白垩纪末大灭绝是最为重要的几大生物事件。在新元古代、古生代奥陶纪以及新生代第四纪，地球经历了冰期事件；而在白垩纪地球出现极端的温室气候事件。此外，盘古大陆的形成与裂解，印度板块与欧亚大陆的碰撞等都可以看作对地球影响深远的“历史事件”。

那地球史上的“革命运动”又是怎么回事呢？我们学习中国历史和世界历史都知道，很多革命运动不仅仅是一次事件，而是一段时期内多个事件的综合。这些综合性的事件最终可能导致朝代的更迭甚至社会性质的变化。地球史上的“革命运动”指的是构造运动。这些构造运动往往延续很长一段时期，最终导致地球上山脉、海洋的形成或消失，陆地的拼合或裂解。在地球历史上，著名的“革命运动”有古生代的加里东运动、海西运动，中生代的印支运动和燕山运动以及新生代的喜马拉雅造山运动。以中生代的印支运动为例，其中重要的事件包括我国南北方大陆的拼合，秦岭洋的消失和秦岭山脉的形成；我国西南地区大规模褶皱和海退事件；等等。正是印支运动，奠定了我国大陆的基本格局框架，而新生代的喜马拉雅造山运动，则最终确立了我国西高东低的地形格局。

这些地球历史中的“风云人物”“历史事件”和“革命运动”，就是插在地球史书中一个个神奇的“书签”，为我们讲述着一个个传奇的故事。然而，我们对于地球的历史了解得还是太少了，很多秘密就等待着你去发现、去探索。

附：

地质年代表

宙	代	纪	起止时间	主要“风云人物”	历史事件	革命运动
显生宙	新生代	第四纪	260万年前至今	古人类 古哺乳动物	冰川事件	新构造运动
		新近纪	2300万年前—260万年前	古哺乳动物 青藏高原	巴拿马地峡形成	喜马拉雅造山运动
		古近纪	6600万年前—2300万年前	古哺乳动物	印度板块与欧亚板块碰撞事件	
	中生代	白垩纪	1.45亿年前—6600万年	恐龙 有花植物 古鸟类 早期哺乳动物	生物大灭绝 地外天体撞击事件	燕山运动
		侏罗纪	2.01亿年前—1.45亿年前	恐龙 大西洋	地幔柱活动	
		三叠纪	2.52亿年前—2.01亿年前	海生爬行动物 特提斯洋 潘杰亚大陆	生物灭绝事件 恐龙出现 我国南北方大陆拼合	印支运动

（续表）

宙	代	纪	起止时间	主要“风云人物”	历史事件	革命运动
显生宙	古生代	二叠纪	2.98亿年前—2.52亿年前	以旋齿鲨为代表的海洋生物	最惨烈的生物灭绝	海西运动
		石炭纪	3.57亿年前—2.97亿年前	煤炭 华夏植物群		
		泥盆纪	4.19亿年前—3.57亿年前	总鳍鱼、腕足动物	脊椎动物登陆 生物灭绝事件	加里东运动
		志留纪	4.43亿年前—4.19亿年前	盾皮鱼、甲胄鱼		
		奥陶纪	4.85亿年前—4.43亿年前	直角石、笔石	奥陶纪末大灭绝	
		寒武纪	5.42亿年前—4.85亿年前	三叶虫 澄江动物群 布尔吉斯页岩动物群	生命大演化事件	
元古宙	新元古代	埃迪卡拉纪	6.35亿年前—5.42亿年前	埃迪卡拉动物群	雪球地球事件	
		成冰纪	8.5亿年前—6.35亿年前	藻叠层石		
		拉伸纪	10亿年前—8.5亿年前			普宁运动

（续表）

宙	代	纪	起止时间	主要“风云人物”	历史事件	革命运动
元古宙	中元古代		16亿年前—10亿年前	真核生物		
	古元古代		25亿年前—16亿年前			吕梁运动
太古宙	新太古代		28亿年前—25亿年前		华北陆核形成	五台运动
	中太古代		32亿年前—28亿年前			阜平运动
	古太古代		36亿年前—32亿年前	最早的化石记录——阿匹克斯硅质灰岩		曹庄运动
	始太古代		40亿年前—36亿年前		生命诞生	
冥古宙			46亿年前—40亿年前			

第三章

海枯石烂不是传说
——地球动力作用

我们常用海枯石烂来比喻永恒不变的爱情。当然，这只是我们从短暂的人生角度来衡量。从一个较长的地质周期看，海可枯，石可烂，任何的高山、大海只不过是地球历史上的过眼云烟，不会成为永恒不变的事物，而这种变化的根源就是地球的动力作用。

地球的动力作用是什么呢？首先要明确我们的地球到底是个怎样的球体。现代科学已经告诉我们，地球不是一个简单的球体，而是像鸡蛋一样分出层次的。如果把地球看作一个煮熟的鸡蛋，那么蛋黄就相当于地核，蛋清相当于地幔，蛋皮则是地壳。当然宇宙中的这个巨大的“鸡蛋”表面也可以分出圈层的，包括大气圈、水圈、岩石圈和生物圈，正是这些圈层的相互作用才造就了今天这个五彩缤纷的世界。地球内部圈层的作用叫作内动力地质作用，它可以导致“海枯”。地球外部圈层的相互作用叫作外动力地质作用，它可以导致“石烂”。

大海真的能干涸

地中海被古罗马人称为“水魔方”，这片几乎被陆地封死的海域曾经是腓尼基人和土耳其统治的两个帝国的商业中心，也是战争的必争之地。其实，早在史前时代，地中海就出现了一些奇异的现象——它逐渐缩小，并且在500万年前几乎干涸。这个发现源于现代钻探技术。

1970年，一艘名为“格洛马挑战者”的科考船在地中海展开钻探工作，并获取了海床岩心样本。这艘船可以不依靠任何固着物悬浮在固定区域，并将数千米的钻头打下去，这项技术可以说是人类科学发展史上的一次重大突破，使得人们研究地球的历史有了更先进的探测工具。在钻探过程中出现了一个怪异的现象——当钻头打入海底沉积物时，最开始的钻探速度很快，每分钟大约能钻进好几米，但是当钻头碰到坚硬的岩层时，钻进速度下降到每小时不足1米。通过岩心，他们惊奇地发现了藻叠层石以及在干旱的潟湖环境中沉积的硬石膏。为什么在海底沉积物会出现干旱气候下形成的硬石膏呢？在硬石膏层位附近，科学家们又发现了正星介的化石。正星介是一种介形虫，只生活在非常浅的咸水中。这种现象唯一的合理解释就是地中海在数百万年前曾经一度接近干涸，水变得很浅，盐分很高，在这种环境下形成了硬石膏沉积，并出现了正星介这种微小的生物。通过科学家们的研究计算还发现，每年地中海地区的降水量和河流注入的水量要小于其蒸发量，只有通过直布罗陀海峡注入的大西洋海水，每年源源不断地补给着地中海。如果直布罗陀海峡被封闭，那么地中海的水会在1000年左右的时间内蒸发殆尽，留下几千米深的海底平原，以及大大小小的盐湖和海山。此时非洲和欧洲之间可以陆路直达了。导致直布罗陀海峡封闭的原因只可能是板块的运动，而这种运动正是地球内动力作用的结果。

当然，地中海的这种“海枯”只不过是地球内动力作用小试牛刀的结果，地球内动力作用还可能导致某个地区的海洋彻底消失，海洋两侧的陆地拼合到一起。比如像我国的秦岭地区、青藏高原、云贵高原、新疆天山以前曾经是一片汪洋大海，现在这些海洋已经不复存在了。

岩层在地球内动力面前是那样柔软和脆弱

除了“海枯”外，地球的内动力作用还可以使岩层发生弯曲变形，甚至断裂错位，这便是褶皱和断层。

褶皱，顾名思义就是岩石受力发生弯曲变形的现象，就像我们衣服会起褶一样，坚硬的岩石也会起褶。目前世界上的很多高大山系都是褶皱作用的结果，很多的油气藏都保存在褶皱中。褶皱的基本形态是背斜和向斜。背斜是上拱的弯曲，向斜是向下凹的弯曲，在地层不遭受风化剥蚀的情况下一般背斜成山，向斜成谷。不过判断是背斜还是向斜并不能依据地形的高低，由于剥蚀作用，有时候向斜也成山，背斜也成谷。要根据岩层的新老、对称重复的规律判断褶皱的类型。背斜具有核部为老地层、两翼岩层为新地层的特征；向斜具有核部为新地层、两翼岩层为老地层的特征。

断层是当岩石受力超过岩石强度极限时，岩石发生

褶皱

破裂，破裂面两侧的岩块有明显滑动。研究断层活动具有重要的意义，首先一些地质灾害如地震、滑坡等与断层密切相关。断层的分布又影响到泉水的分布，也直接关系工程建筑的选址。此外，断层作为油气运移的通道和圈闭，对于寻找油气资源具有重要的意义。当然，断层也会形成山脉甚至是陡崖。大家都知道北京的八宝山，很多前国家领导人、革命先烈都安葬于此山上的革命公墓

野外看到的断层

中。从地形上看，八宝山的确与众不同，它是北京城八区内少见的从平原拔地而起的山丘，与北京西部和北部的群山并不相接。八宝山就是断层作用形成的一座断块山，即断层作用形成的山脉。类似的例子还有杭州西湖的飞来峰。

“山可无棱，石可烂”——地球的外动力地质作用

除了“海枯石烂”，爱情小说中常常还有另一句爱情经典佳句——“山无棱，天地合，才敢与君绝。”其实山可无棱，石可烂，这都是外动力地质作用的结果。外动力地质作用是指各种外动力对地壳表层岩石的改造，其能源主要来自地球以外，如日月引力能、太阳辐射能、生物能和重力能等。常见的外动力地质作用有冰川地质作用、河流地质作用、地下水地质作用、海洋地质作用和风的地质作用，它们是地球外部圈层相互作用的结果。

那么一块石头是怎么烂掉的呢？“水滴石穿”是我们熟悉的典故，也是岩石破坏的一个主要原因。其实，导致石头“烂掉”的原因很多，如忽高忽低的温度也是重要的原因。岩石会热胀冷缩——白天气温上升，岩石膨胀，夜晚温度下降，岩石就收缩。在那些早晚温差大的地区，岩石频繁的热胀冷缩，逐渐出现裂隙，最后碎裂。山是由岩石组成的，位于山体顶部的岩石碎裂崩塌后，山的一个棱

角就没有了。此外，生物的腐蚀作用也不可小觑，一些生物会分泌化学物质腐蚀岩石或者在岩石上打洞，就连树根都会深入岩石的裂隙将其撑大。岩石的这些破碎过程在地质学上称为风化作用。风化作用导致岩石碎裂，最终形成土壤。可以说土壤是大自然经过亿万年地质作用的结果，是我们的宝贵财富。一些成语如“挥金如土”，将土壤价值贬低其实是不科学的。从人类漫长的历史发展看，土壤对于人类的意义远远大于黄金，因此我们更应该“视土如金”。

对于地貌改造更为壮观的还要数冰川和流水。冰川由于在流动的过程中以其自身的动力和携带的砂石会对冰床及山谷产生巨大的破坏作用，因此冰川是重要的塑造地貌的外动力地质作用。在冰川的作用下，会形成冰斗、角峰、刃脊、冰蚀谷、冰川堰塞湖等地貌。流水的作用更是巨大，很多的平原都是因河流冲击而形成的。此外，著名的雁荡山其高耸挺拔的山峰也与流水作用密不可分，这在北宋沈括的《梦溪笔谈》中都有详细的记载。

可以说，在我们这个蓝色的星球上没有一成不变的事物，任何事物都会变，包括一望无际的大海、高耸的山峰、坚硬的巨石。只不过它们的变化太缓慢了，我们无法用短暂的人生观察到这种显著的变化。“海可枯，石可烂，山可无棱”，这些都是地球演变的结果。而正是因为这种变化，我们才能有更多的财富，才能欣赏到更多的自然之美。

第四章

大地的颤抖

——认识地震

宁静安详的生活有时会被大地的震颤所打破。当亲眼看见房屋开始摇晃，大地出现裂缝，山峦倾覆，海啸狂舞的景象，许多人会十分惊恐甚至绝望，但是这就是自然界的力量。作为地球上的居民，在长期的生存斗争中，我们已经逐步掌握了一些给大地“把脉”的经验和知识。可是面对地震灾难，我们人类依然显得渺小而脆弱。

大地之颤何处来

大地之颤何处来呢？经过几千年的探索，我们已经找到了答案。

地震发生的原因就是地壳某个部分的岩石在力的作用下发生突然间的运动。这种运动会产生震动波，当这种震动波到达地表后，地面便开始震动。如果这种震动十分强烈，不仅许多建筑物在瞬间沦为废墟，还使得人类的生命财产遭受巨大的损失。同时地震还可以引发大规模的崩塌、滑坡、泥石流、砂土液化等自然灾害；发生在深海地区的地震还可以触发海啸。

我们或许会进一步追问，是什么原因导致地壳中的岩石发生突然间的运动呢？这其中的原因则更为复杂。首先是构造作用的结果——我们知道，地壳处在不断的运动变化之中，这种变化会产生地应力，地应力会使得地球内部的能量不断积累，当积累到一定程度时，岩石就会突然

破裂形成断层，并产生地震波。构造成因的地震占据了有感地震的绝大部分，并且是破坏力最强的。其次，火山活动也会导致地震的发生，当然其规模和强度普遍逊色于构造成因的地震。此外，我们人类的活动也会导致地震的发生，特别值得一提的是水库等大型水利工程的修建，它不仅会改变岩石上覆的静压力，还会对岩石中已存在的断层起到润滑的作用，从而使得岩石沿断裂面再次滑动。

实际上，每时每刻都在发生地震，例如我们跺一下脚，点一发鞭炮都会引发地震，只不过由于其震感太小了，以至于不通过精密仪器测量，根本察觉不到。由于构

四川汶川映秀镇地震遗址

造等自然因素诱发的地震每年大约有几百万次，但是能被人感觉到的还不到总数的1%。

地震可测吗

当我们看到房屋倒塌、山崩地裂的惨烈景象时，不禁会发出这样的感慨：要是能提前预测出地震就好了。实际上，我们急切需要的这种预测是指短临预报，也就是在地震发生前的数天到数分钟内，依据地震前兆来预测出地震，并及时疏散人员，尽可能地减少人员伤亡和财产损失。但是从研究层面看，对于地震预测主要包含三个层面：一是地震地质构造分析；二是地震发生时间和地点的统计学研究；三是地震的前兆分析和短临预报。

通过多年地震资料的积累，结合地质构造和统计学的研究，我们已经掌握了地震发生的一些规律。例如，强震往往都集中在活动断裂带上，特别是在断裂带曲折最突出的部位，断裂带的两端、断裂带的交叉部位最容易发生地震。再如，从地震发生地点的统计规律来看，强震前在震中附近曾发生过多次小震，也就是地震的填空现象。另外，目前全球范围内已经在80多个国家建立起128个地震观测台站，可以获取高质量的地震数据，对于地下的断层分布已经“了如指掌”，对于地下发生的各种物理变化也能够实时监控，故地震具有可测性。

然而，对于地震的前兆分析和短临预报，依然存在着技术上的困难，依然是一个未解之谜。首先，地震是地下深层次的孕育过程，其影响因素复杂，我们只能依靠地面观测的材料对地球内部的各种变化进行推测，根本不能深入观测地震孕育的变化过程，可谓“上天有路，入地无门”。其次，地震虽然伴有一些前兆，如地应力的变化、地形的变化、地磁异常、地下水异常、动物反应异常、地声和地光、特殊云气的出现等，但由于没有一种前兆与地震会有直接必然的联系，换句话讲，没有任何一种前兆出现后必然要发生地震，就如同下雨一定有云，但有云不一定下雨一样。因此，目前还不能简单根据地震前兆去进行地震的短临预报。

此外，还有一个不能忽略的因素是地震预报不仅是一个技术问题，还是一个社会问题，在人群中产生的影响和反应可能会十分强烈，这也是很多情况下不能轻易发布地震预报的原因。

地震来了，怎么办

那么当房屋开始摇晃后，你该如何做呢?

首先，对于生活在楼房里的同学们来说，应牢记“发震时就近躲避，震后听从指挥迅速撤离”。当地震发生时，如果我们在教室上课，应立即用手或书包护住头，迅速躲到课桌下面或者教室墙角处。如果我们在家里，则尽量选择卫生间等狭小的空间内躲避，用手护住头。当震动结束后，有秩序地撤离。在撤离时要护住头部，走楼梯。如果不幸遇到房屋倒塌，自己被困在一个狭小的空间时，首先不宜立即大声呼救或试图用手扒开残砖废瓦，要节省体力，等待救援人员到来。

当然，如果地震时，我们恰巧位于平房中，只需要用手或书包护住头部，有秩序地迅速跑出来。如果地震时我们在户外，则要尽可能远离高大建筑物或者山崖，向开阔地上跑。

地震应急演练

生活在地震易发区的同学们不仅要掌握地震逃生的知识，而且家中要做好防震准备，应当常备一些地震应急用品，例如头盔、生活日用品、照明用品等。此外，如果是自建的房屋，一定要请工程人员进行抗震检测，及时加固房屋。

房屋的抗震性与抗震加固

地震所造成的房屋等建筑物倒塌是导致大量人员伤亡和财产损失的主要原因。特别是随着城市的发展，高层建筑物的增多，对房屋的抗震性的要求越来越高。这方面的研究也逐渐成为现代建筑设计的一个重要的内容。

房屋的抗震性与其结构密切相关，而分析的基本原理就是物理学中的力学和运动学定律。例如塔楼比板楼的抗震性强——特别当地震的横波与板楼的短轴方向一致时，很容易导致屋毁人亡。相比之下，塔楼由于较为方正，几何对称性强，在地震中楼梯各方向受力相对板楼要均匀，因此不易倒塌。再如，框架结构的房屋要比砖混结构的房屋牢固，这也是目前国内建筑行业普遍要求四层以上的建筑使用框架结构的根本原因。又如，那些底部宽大，上部相对窄小的建筑物（像埃及的金字塔）比直上直下的长方体建筑物更为稳固。另外，值得一提的是那些外观简洁的高层建筑的安全性要强于那些装饰了复杂建筑构件的——

这就像我们乘公交车，突遇急刹车时，那些背着包，戴着较重帽子的人更容易摔倒一样。

要减少在强震中的伤亡，我们就必须未雨绸缪，及时加固那些达不到设防标准的建筑物。传统的加固措施是对墙体进行钢筋拉固和附墙加固；对房顶则用水泥重新填实；对于凸出的烟囱、水箱采取改建或设置竖向拉条进行加固。近些年来日本等国家发明了新式的加固法，也就是在房屋底部加设减震器，这就像是在房屋地下安一个巨大的弹簧，无论地面怎样晃动，这个“弹簧”可以通过上下伸缩和左右扭动来抵消其对房屋的影响，使其岿然不动。

探秘地震仪

如果有机会去地震监测机构参观，很多人会被那些不断在坐标纸上划出地震曲线的地震仪所吸引，感觉它是一种高深的精密仪器。其实，它工作的原理很简单，就是应用了我们经常体验到的惯性现象。

我们都有这样的经验：站在公交车上，当车辆静止不动时，我们会站得很稳；当车辆一启动，我们身体便会向后倾斜；刹车时我们则会往前倾倒，这就是惯性现象。实际上，地震仪所固定的地板就像是车子，地震仪的核心部件——拾震器就像是车上的人。当地板开始晃动时，就如同车子启动，此时由于惯性的作用，拾震器与地板之间发

生相对的位移，上面的记录笔就会在坐标纸上画出地震波形。

地震仪的祖先早在1800多年前就诞生了，那就是我国东汉科学家张衡发明的候风地动仪。候风地动仪“以精铜铸成，圆径八尺……形似酒樽”，上有隆起的圆盖，仪器的外表刻有篆文以及山、龟、鸟、兽等图形。仪器的内部中央有一根铜质柱子，柱旁有八条通道，称为“八道”，还有巧妙的机关。樽体外部周围有八个龙头，按东、南、西、北、东南、东北、西南、西北八个方向布列。在每条龙的下方都有一只蟾蜍与其对应。任何一方如有地震发生，该方向龙口所含铜珠即落入蟾蜍口中，由此便可测出发生地震的方向。当时利用这架仪器成功地测报了西部地区发生的一次地震，引起全国的重视。这比起西方国家用仪器记录地震的历史早1000多年。

和现代的地震仪一样，候风地动仪也是应用了惯性的原理。当然，候风地动仪由于其灵敏度很低，只能预报出强度较大的地震。而用现代技术武装的地震仪其灵敏度能超乎你的想象。毫不夸张地说，我们跺脚所产生的超微地震都难逃它们的“法眼”。

地震：不仅是灾害，也是财富

地震可谓是名副其实的灾害之首，历史上各种自然灾害共毁灭了52座城市，其中因为地震毁灭的就有27座。自20世纪以来，全球因地震死亡的人数达170万人，其中我国占63万人。1976年的唐山大地震造成24万生灵涂炭，是20世纪以来单次死亡人数最多的地震。而人类有史以来死亡人数最多的地震也发生在我国，即1556年发生在陕西华县的8级地震，造成83万人死亡。此外，1966年的河北邢台大地震、1975年的辽宁海城大地震、2008年的四川汶川大地震、2010年的青海玉树大地震所造成的那些惨烈场景仍历历在目。

但是地震对我们来说不仅意味着灾难，它还是我们人类的财富。从小学地理课上我们就知道地球像一个鸡蛋一样分为地核、地幔和地壳，而这种划分依靠的就是地震波形的变化。当地震波遇到某个界面时，反射回的波谱会发生变化。人们发现，在地下33千米处，地震波的波速有一个急增，表明有一个界面——这个界面便是划分地壳和地幔的莫霍面；在地下2900千米处，地震波的横波突然消失，纵波速度急剧下降，此处便是划分地核与地幔的古登堡面。可见地震波也是深入地球内部的探针，是人类了解地球深部构成的重要手段。

目前地震已经广泛地应用于寻找地下的油气和矿产资源，其原理就是当地震波遇到地下流体、气体或特殊介质时，波的传播速度会发生变化，据此可以判断是否有油气

资源，如果有，其埋藏的深度如何；等等。此外我们现在还利用甚至制造一些小的地震，去了解浅层地表的断层分布等地质信息，从而指导工程建设和各种防震减灾工作，也就是“以震防震”。所以说地震对人类来讲除了是灾难，也是一把打开地下宝库之门的钥匙。

总之，地震是一种自然现象。它在几千年的人类发展史中曾经给我们带来深重的灾难，虽然科学的发展还未能达到准确预测地震的程度，但是我们已经掌握了不少防震、抗震的科学知识，同时还能利用地震为科研、生产服务。

第五章

天灾虽难测，更怕加人祸

——地质灾害

地球母亲给予我们繁衍生息的乐土，但有时候也十分的狂躁不安：大地会在顷刻间剧烈震颤，山崩地裂，使大量房屋瞬间夷为平地，有时还会引发大海啸；火山会在顷刻间喷出大量炽热的岩浆和火山灰，所到之处一片焦土；在山区的公路旁，那高耸的岩壁上方时常会有石块滚落，甚至整个山体会像坐滑梯一样整体滑落，掩埋村庄和农田；在山区的沟谷等地，洪水会夹杂大量的砾石和泥土倾泻而下，瞬间摧毁一座城镇。这些就是给人们生命财产带来巨大威胁的地质灾害。

地质灾害主要包括地震、火山、崩塌、滑坡、泥石流以及地裂缝、地面塌陷和土屑蠕动等。在无数科学家的努力下，我们对这些灾害发生的前兆、机理、特征已经有了较深入的认识，这些认识会指导我们在遭遇地质灾害时更好地保护自己。在我国，由于火山很少，且大部分为死火山或休眠火山，因此火山灾害并不常见。由于我国山区面积大，并且处于两条地震带上，地震、崩塌、滑坡、泥石流、地面塌陷是我们面临的主要地质灾害。这些灾害的发生我们难以预料，有时真可用“飞来横祸”来形容。但是当遭遇灾害或在灾害发出征兆时，我们没能科学预防和处理，这是导致大量人员伤亡和财产损失的更重要的原因，可谓“天灾虽难测，更怕加人祸”。在上一章中，我们已经介绍了关于地震的知识，这一章我们来认识崩塌、滑坡、泥石流和地面塌陷。

祸真能从天降——崩塌

当乘坐汽车行驶在山区的公路上，看着路边那壮观的崖壁的时候，你一定要时刻小心头顶上方，因为很可能祸从天降。因为岩壁上方的岩石可能处于摇摇欲坠的状态，一旦失去平衡便会迅速滚落，造成车毁人亡，这是常见的地质灾害之一——崩塌。2015年3月，在桂林叠彩山景区就因崩塌酿成一幕惨剧——一块巨石从山上崩落，砸中刚下游船的一个旅行团，7名游客殒命。那崩塌为什么会发生呢？

崩塌是岩块、土地受到风化作用、剥蚀、地震以及人类活动等因素的影响，在重力作用下从较陡的斜坡上突然脱离山体，并堆积在坡脚的一种地质现象。造成崩塌的原因首先是一定的地形地质条件，例如地形坡度大于50度，并且山坡上的岩石处于松动的状态，这就为崩塌的发生提供了基本条件。

当然，万事俱备，还需“东风”，也就是说崩塌的发生需要一个诱发因素，这个“东风”可以是地震、强降水等自然因素，也可以是人类的活动，例如开山采石、挖土、人工爆破、水库蓄水等。刚才提到的公路两边的崖壁下就是崩塌易发生的地区，这是因为修路曾经导致人为开

山，两侧的崖壁已经打破了原来的平衡，处于不稳定的状态，再加上崖壁非常陡，几乎与公路面垂直，因此是崩塌的易发区。如果你仔细观察，会发现这里往往竖着“注意滚石”的交通标志牌，有些地方还将两侧崖壁用水泥或铁丝网进行加固，这些都是预防崩塌灾害的措施。而发生在桂林的崩塌惨剧则与降水导致岩石失稳有关。

崩塌是我国最为严重的地质灾害之一，每年全国会发生数千次。崩塌一旦发生，轻则阻断交通，重则造成房屋倒塌，建筑受损，车毁人亡的惨剧。对于崩塌的治理，首先是在危险地区进行工程加固，例如水泥加固、铺设防护墙或防护网等。但对于我们来说，如果去山区旅游或考察，一定要选择好路线，尽量避开崩塌、滑坡、泥石流等易发地区。旅行时最好能戴上安全帽。在行进途中一定要注意观察岩壁，如有小的石块滑落，则最好迅速撤离。更需要记住一点，雨雪天最好不要去山区旅行，因为降水会对岩石中的断层、节理起到润滑作用，很容易发生像崩塌这样的地质灾害。如果你生活在山区，一定记住不要去陡崖下面玩耍，还要告诫自己的家人，尽量不把房屋建在陡崖下面。

岩石也会滑滑梯——滑坡

我们小时候在游乐场和儿童乐园都玩过滑梯。不知你是否注意到，我们玩的滑梯坡度很适中，既不太陡，也不会很平缓。此外，我们在数学课上已经学过角度的概念，会使用半圆仪去量角。其实有机会的话，你不妨用老师上课用的大半圆仪去量量滑梯的坡度——滑梯的坡度一般都在30—45度之间，很少有小于30度或大于50度的。

其实就像我们玩滑梯一样，岩石也会滑“滑梯”。不过岩石一旦玩起滑梯，则不“好玩”了，它带来的后果可能非常严重，这就是滑坡灾害。滑坡俗称“走山”，是岩体、土体因种种原因在重力作用下沿着斜坡上的一个面整体向下滑动的现象。滑坡首先需要一定的地形条件，一般

汶川地区因地震导致的山体滑坡遗迹，滑动面上植被已被破坏

来讲，45度左右的坡度是滑坡的危险坡度。与崩塌一样，滑坡除了地形地貌因素外，还需要有诱发因素，例如地震、降水、河流冲刷、人为开挖坡脚、采矿等。

滑坡数量之多，位居我国地质灾害之首，几乎每年都占全国地质灾害总数的一半以上，每年因滑坡造成的经济损失超过200亿元。2017年4月17日陕西白河县山体滑坡，导致6人遇难；而之前甘肃文县也发生滑坡，导致通往九寨沟的公路一度中断。滑坡是可以预测的，是有征兆的。在山区，如果发现以下现象，就有可能预示着滑坡要发生，应及时汇报，并做好疏散撤离的准备：（1）在山顶发现一条或多条裂缝；（2）山上的树木、电线杆等出现歪斜，房屋、道路出现变形拉裂的现象；（3）山体出现变形、小型坍塌、隆起等现象；（4）井水、泉水出现异常变化或有地下水出露。

当发生滑坡时，你又恰好位于滑坡体上，那怎么办呢？首先要向滑坡体两侧跑开，不能顺着滑坡方向跑。如果滑动速度过快，来不及跑开，则要抱住大树，尽可能防止被掩埋。

对于滑坡的治理，一方面我们需要依靠有关部门进行工程预防，例如对山体进行工程加固，修建排水渠道；另一方面，自家建房时，一定要选择开阔地，尽量不要建在半山坡或山脚。建房前最好咨询一下地质部门，尽可能把房屋建在安全地带。

破坏力极强的洪流——泥石流

2010年8月7日，甘肃舟曲县城已经进入了朦胧的夜色中。突然一股洪流滚滚而来，打破了夜色的宁静，所经之处均沦为一片废墟，这就是泥石流。这次泥石流，共造成1463人遇难，302人失踪，在舟曲县城形成了一条长5千米、平均宽300米、厚5米的泥浆带。2017年4月1日，哥伦比亚南部也暴发大山洪和泥石流，导致254死，400伤，200多人下落不明。那么舟曲县城和哥伦比亚南部为什么会遭受如此厄运呢？这就要从泥石流的发生机制和发生地点讲起。

泥石流是发生在山区沟谷或斜坡上的泥、砂、石、水相混合的流动体。它不同于一般的山洪，它是一种高浓度的固、液混合流，固体的体积一般超过15%，最高可以达到80%。有个形象的比喻就是山洪如同一碗稀米汤，而泥石流就如同一碗稠粥，其流速、流量和冲刷撞击能力非常惊人。它会以淤埋、冲刷、撞击等方式直接对建筑物、基础设施造成破坏，造成重大人员伤亡和财产损失。

泥石流形成必须具备三个条件：第一是要有流水的存在，而流水的来源有强降水、冰雪融化以及湖泊、水库决堤等；第二要有丰富的、松散的固体物质；第三就是流水

泥石流

携带着固体物质能够流动，而沟谷地区由于具有高差和坡度，常成为泥石流流动的通道。其中，流水是形成泥石流的主要诱发因素，这也就决定了泥石流的爆发具有季节性的特点。夏季，我国处于雨季，降水充足，是泥石流的高发期，大部分泥石流集中于6—9月，以7—8月最为频繁。当然北方地区冬春之交由于冰雪融化，也会带来一些泥石流灾害。甘肃舟曲的这场灾难是多种因素叠加在一起的结果，首先在泥石流爆发前，舟曲地区出现了强降雨，此外舟曲县城处于两山的峡谷中，一旦泥石流形成，这里便是天然的通道。最后，人们对周围山体植被和土壤的破坏也是灾难的一大诱因。

泥石流可以说是自然界中的一大杀手，住在山区的人尤其需要对泥石流灾害有基本的认识。泥石流的暴发是有征兆的，一般而言，如果连续几天强降水，造成井水变浑，沟谷处有巨大的轰鸣声和震动感，那么泥石流很可能在短时间内暴发。因此需要及时报告，并迅速撤离沟谷地带。如果泥石流已经发生，要立即朝着与泥石流垂直的方向逃跑，并且要往高处的山坡上跑。

当然，对于泥石流的防治，还需要采取一定的治理措施，例如开挖泥石流疏导槽，用石头垒砌多级防护墙等。但是最根本的治理方法是保护植被和流域内的环境，减少水土流失。

吞噬生命的陷阱——地面塌陷

在闹市区，在田间地头，有时不经意间地面会出现一个深深的大坑，一旦掉进大坑，性命难保。这究竟是怎么回事呢？其实我们不妨做个小实验，将一层沙土铺在一块板子上，抹平，上面放上一张纸，纸上再放一层沙土。之后，你把底下沙土层在中间掏空一块，你会发现纸张中间由于下部悬空，上部有压力，出现了一个“大坑”，“大坑”上面的积木就陷下去甚至倒塌。这就是我们常常会遇到的另一个更为隐蔽而危险的地质灾害——地面塌陷。

地面塌陷是指地表岩体或土体受到自然作用或人为活动的影响而向下陷落，在地面形成塌陷坑洞的现象。当这种现象发生在人类活动区特别是人口稠密地区时，会造成很大危害，成为吞噬生命的陷阱。

那么地面塌陷是如何形成的呢？其实就像我们刚才做的实验，当地下因自然或人为因素被掏空后失去平衡时，就会塌陷。按照地质条件的不同，地面塌陷可以分为采空塌陷、岩溶塌陷和黄土塌陷三种。采空塌陷是人为将地下掏空后，地面承受不了重量而坍塌，这种掏空主要是人们大量开采地下水、挖矿或者是修筑诸如地铁这样的地下工

地面塌陷

程而引起的。此外，这种掏空也可由自然因素引起，例如在我国西南地区，流水会对地下的石灰岩进行侵蚀，形成溶洞，溶洞不断扩大，最终会坍塌，这就是岩溶塌陷。在北方的黄土地区，如果往黄土中注入水，一部分黄土会被冲走，此外黄土因为浸水而变成柔软的稀泥，这也会导致地面塌陷。

在三种塌陷中，采空塌陷造成的危害最大，损失最为惨重。2006年，北京地铁10号线施工造成京广桥路面坍塌，作为CBD（中央商务区）主干道的东三环路因此中断交通达三个月。2017年4月2日，福州花溪路地面上突然出现一个直径2米的大坑，一辆公交车陷入其中。这些都是典型的采空塌陷实例。岩溶塌陷也不可小视，特别是在我国西南地区（如广西、四川、贵州、云南）。1993年，广西柳州地区就因岩溶塌陷毁坏铁路路基，造成列车颠覆。

地面塌陷虽然影响的区域有限，但是由于其发生具有突然性，前兆有时不明显，因此很难准确预报。不过，我国已经对地面塌陷的易发区，如煤矿采空区、岩溶地貌分布区开展了长期的监测工作。预防地面塌陷，工程治理是关键。目前主要采用对地下采空区注浆或用煤矸石、废渣对地下填充来防治塌陷的发生。此外，在工程建设中，前期的地质勘探十分重要，一定要避免在采空区建设大型建筑物。

对于地面塌陷，我们还是可以有一些防护的手段的。如果发现地面上开裂了许多裂缝，一定要尽快撤离，这很可能是地面塌陷的前兆。而如果发现地面出现了塌陷，千万不要上前凑热闹观看，而要迅速跑开，因为塌陷面积有可能进一步扩大，危及自身安全。

上述四种地质灾害每年在全球造成的人员伤亡和财产损失总和已经堪比一次大地震，并且这些灾害或多或少地都有一定的人为因素，可谓是天灾加人祸。因此，掌握这些灾害的发生机理和防灾避灾知识，对于我们每个人来说都十分重要。

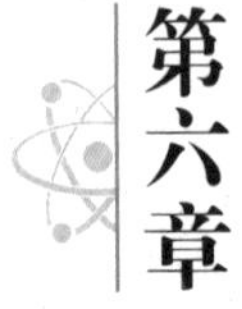

第六章

陪我到可可西里去看海

——漫话沧海桑田

“谁说月亮上不曾有青草，谁说可可西里没有海。谁说太平洋底燃不起篝火，谁说世界尽头没人听我唱歌……陪我到可可西里看一看海，不要未来只要你来……”这是一首在青年人中较为流行的民谣歌曲——《陪我到可可西里去看海》，其歌曲名称和一些歌词表面看起来和我们所掌握的科学常识不相符，但是根据地质研究的结果，可可西里所在的青藏高原腹地在远古时期曾经有海，只不过这里发生了沧海桑田的变化。同学们一定听说过“沧桑”一词，其实沧桑就是“沧海桑田”的简称，原意就是指地貌和环境的变化，后来我们将其引申为对人生各种经历体会。

可可西里亿万年前的海

可可西里，青藏高原上的一颗明珠，藏羚羊的家乡，在2亿多年以前还是一片汪洋，这里存在海的证据是被构造地质学家称为蛇绿岩套和混杂堆积的岩石组合体。蛇绿岩套是由代表古洋壳组分的超基性岩及基性岩（如橄榄岩、蛇纹岩、辉长岩），枕状玄武岩以及远洋沉积岩（如放射虫硅质岩）组成的三位一体的共生岩石组合。混杂堆积，也就是因为俯冲作用而导致洋壳和陆壳岩石的破碎，形成了多种不同环境沉积下的岩石混杂排列的组合体。因此地质学家普遍将蛇绿岩套和混杂堆积作为古海洋留下的遗物。

蛇绿岩套中的枕状玄武岩（中国地质科学院提供）

那么可可西里地区曾经存在的海叫什么名字呢？它在什么时候出现，又在什么时候消失的呢？地质学家们通过古生物化石、蕴藏在岩石中的沉积环境信息以及板块运动导致岩浆活动留下的岩浆岩，将这个古海洋的面貌摆在了我们的面前。这个古海洋名叫特提斯海，在我国境内从现在的可可西里地区一直向西延伸到金沙江一带。这个海洋从距今4亿多年前的奥陶纪就随着冈瓦纳大陆的解体而形成，整个古生代是特提斯海的迅速扩张时期。到了古生代末期，特提斯海开始收缩，最终在2亿年前闭合消失。古特提斯海虽然已经不复存在，但是它留下的蛇绿岩套成为地质学家研究地壳演化的重要史料。此外很多矿产资源都与它的演化密不可分，今天我们仍在享用着这份遗产。

分分合合的大陆

“人有悲欢离合，月有阴晴圆缺。”其实不只我们人类，在整个46亿年的地球历史上，大陆与大陆之间也是离离合合，聚聚散散。

在讲板块构造时，几乎所有的教科书和博物馆都无一例外地告诉我们，在2亿多年前，所有的大陆连在一起，后来大陆不断地分裂、漂移，形成今天的局面。其实，这样的超级联合大陆不仅仅在2亿多年前出现过，在地球46亿年的历史上至少出现过4次：第一次出现在大约30亿年前，称为尤阿超级大陆；第二次出现在18亿—20亿年前，称为哥伦比亚超级大陆；第三次出现在8亿—11亿年前，称为罗迪尼亚超级大陆；第四次才是教科书中提到的形成于2.57亿—2.05亿年前的联合大陆，称为潘吉亚超级大陆或泛大陆。

在大陆聚聚散散的过程中，有很多的海洋出现，又有很多的海洋消失。大陆的分合周而复始地进行着，周期为5亿—6亿年。我们的人生，乃至我们人类的演化都不可能经历一次大陆的聚散过程。但是通过观察目前处于不同阶段的大陆聚散阶段，地质学家威尔逊给我们描绘出了一个大陆聚散的过程。

首先在大陆的内部发育狭长幽深的裂谷，就像现在的东非大裂谷。之后裂谷内灌入海水，发育洋壳，形成狭长的海湾，就像现在的红海和亚丁湾。海湾在海底扩张作用下不断扩展，逐渐形成宽阔的大洋，就像现在的大西洋。当大洋扩张到一定程度时，两侧出现了海沟，洋壳沿海沟俯冲消减，此时大洋由扩张期转到了收缩期，就像现在的太平洋。大洋不断收缩，两侧不断俯冲消减，最后形成剩余的相对封闭的洋盆，就像现在的地中海。最后，大洋两侧的大陆碰撞到一起，洋盆完全消失，形成宏大的造山带，就像现在的阿尔卑斯—喜马拉雅造山带。

据科学家计算和预测，大约2亿—3亿年以后，所有的大陆又将连成一个整体，那时中国和美国将成为接壤的陆上邻国了。用句玩笑话讲，那时中国人可以骑着自行车去美国了。

沧桑十亿年

每时每刻，海陆位置都在变化之中，只是我们很难察觉到。然而，科学研究的结果告诉我们，在过去的8亿年间，我国的海陆格局经历了从“到处都是海”，到“三面环海”，再到今天“两面临海”的演变，而再过2亿—3亿年，我国有可能面临无海的境地。

从8亿年到3亿多年前，我国大陆还未形成一个整体，现在干旱的西北内陆地区曾先后出现过祁连洋、阿尔金

洋、东昆仑洋、北天山洋、南天山洋、秦岭洋；青藏高原区则是特提斯海的地盘。当然，东部的太平洋此时期也在逐步的形成和拓展中。

2亿多年前，地球的所有大陆都逐步拼合在了一起，我国西北地区以及秦岭地区的古海洋纷纷消失。但由于地处联合大陆的边缘位置，我国仍然是三面环海——东部为太平洋，西部和南部濒临特提斯海，只有北部与联合大陆接壤。这种得天独厚的地理位置，使我国成为大灭绝后生物率先复苏和繁荣的地区之一。后来随着印度板块与欧亚大陆板块的碰撞，特提斯海消失，致使我国逐渐变为现在两面临海的格局。根据目前各个板块的运行方向和速度，地质学家们认为这种格局还能维持2亿多年。

在未来这2亿年中，世界的海陆格局将发生翻天覆地的变化：首先是地中海将消失，美丽的水城威尼斯和书写希腊神话的爱琴海将不复存在，这或许让人无比地伤感；与之相反，现在的东非大裂谷将被海水灌入，成为一个细长的洋盆；接下来，随着俯冲作用的不断进行，太平洋很快将世界第一大洋的地位让给大西洋，那时美国和中国的距离可能还不到现在的一半，澳大利亚会像几千万年前印度板块一样迅速北漂，先与东南亚群岛拼合，随后与欧亚大陆碰撞。我国南方地区可能形成新的高原和造山带。

最终随着欧亚大陆与美洲大陆进一步靠近，大约两三亿年后，太平洋会演变为一个窄窄的洋盆，随后消失。那时所有大陆又将拼合在一起，形成下一个超级大陆，而我国可能将位于超级大陆的中心区，面临无海的局面。当然，我们没必要为此而杞人忧天，相信子孙后代会找到解决问题的出路。

当几十年过后，你经历了成长过程和人生的历练后，再回味现在时，或许会感慨人生的沧桑。其实，我们脚下的大陆也有着一段沧桑的历史，只不过那是以“百万年”作为计时的基本刻度。毫不夸张地说，地质学就像是我们人生的放大镜，能让我们以“百万年”甚至“亿年”的尺度认识世界。

第七章

记载地球历史的万卷书

——岩层告诉我们什么

我们的地球是一部巨厚的百科全书。地球的不同圈层是书的“章节”，那层状的岩石则是地球的“书页”。我们在自然和地理课本上得知，岩层是记载地球历史的万卷书。那么我们如何读这本书？通过岩层，我们又能得出什么信息呢？我们知道，读一本书要看里面的文字和图片，而要读懂岩层形成的地球史书，我们要从岩层的岩性、构造以及所含有的化石和特殊矿物入手。

岩层的岩性

我们要从岩层的岩性着手，组成岩层的岩石根据成

山东山旺如同万卷书一样的岩层

因分为岩浆岩、沉积岩和变质岩三大类。岩性就像书的纸张，它能大体告诉我们书的内容。不知你是否到书店去看过，不同的书用的纸张大不相同。那些彩色图册一般用铜版纸印刷，而黑白印刷的图书则一般用凸版印刷纸。其实，岩层的岩性道理差不多，只不过它更为多变和复杂。

岩浆岩顾名思义是岩浆冷凝形成的岩石。可是岩浆岩又可以细分为若干大类，成百上千种，但常见的不外乎就是花岗岩和玄武岩。在游览黄山时，你是否注意到，整个山体都由一种花花点点的灰色岩石构成，这就是花岗岩。千万不要以为花岗岩是火山喷出的岩浆冷凝形成的，

它可是在几千米的地下冷凝的。也就是说，现在的黄山曾几何时还深埋在地下，后来经过地壳的强烈抬升才露出地表。玄武岩则是地地道道的火山喷出岩。在云南腾冲、黑龙江五大连池等著名旅游景区可以买到一种满是气孔的搓脚石，这就是玄武岩。有玄武岩的地方，一定有火山或曾经有过火山活动。此外，这里要介绍一种特殊的火山成因岩石——火山凝灰岩，它目前已经划入沉积岩的范畴。在辽西地区出产大量的鱼化石，化石的底板感觉像是灰凝成的，这就是火山凝灰岩。毫无疑问，辽西地区曾经有一个大湖，湖里有成群结队的鱼。后来强烈的火山活动使得整个湖被火山灰掩埋，于是就形成了大量的鱼化石。

说到沉积岩，我们常见的有砾岩、泥岩、砂岩、页岩以及石灰岩，而那些呈层状的岩石大部分是沉积岩。沉积岩有的在陆地上形成，有的则在海中形成。如果你去过广西桂林或西南地区旅游，你会发现那里峰峦叠嶂、美不胜收。这里的山大多由一种叫作石灰岩的沉积岩组成。明代政治家、诗人于谦曾有一首脍炙人口的诗：“千锤万凿出深山，烈火焚烧若等闲。粉身碎骨浑不怕，要留清白在人间”说的就是石灰岩。西南地区的石灰岩几乎都是在海中形成的，而石灰岩的化石也向我们证实了西南地区至少在2亿多年前还是汪洋一片。当然，像砾岩、泥岩、砂岩其形成环境比较复杂，有可能是在陆地上，也有可能在

海中。

变质岩我们见得不多，最常见的是大理岩。在大理岩中有一种叫汉白玉，产自北京大石窝，是故宫石栏杆和石雕的主要石料。那么汉白玉又告诉我们一段怎样的历史变迁故事呢？据地质学家研究，北京房山地区在距今16亿—17亿年前的元古代还是一片浅海。在海床上沉积了厚厚的碳酸盐岩，其中以石灰岩和白云岩为主，还有硅质岩，这就是汉白玉的母岩。到了恐龙时代，北京地下岩浆活动强烈，石灰岩和白云岩发生了重结晶，从而形成了白色大理岩，也就是汉白玉。

可以说岩层的岩性是它们的一张名片，把亿万年前古环境变迁的过程向我们娓娓道来。

岩层的构造

“构造”是地质学的专业术语，通俗地讲，构造可以理解为岩层的形态样式。当到野外时，你会发现岩层不都是像平整的书页，有的岩层弯曲了，有的断裂错开了，有的被十字交叉的岩脉切开了，还有的具有与层面斜交的纹层。当然，岩层还展示出颜色的变化，以及细腻程度（也就是沉积物的粒度）的变化，这些都是岩层的构造。岩层的构造也可以告诉我们很多的信息。

在我们眼里，岩层是那么的坚硬。可是在大自然面前，岩层却是柔软而脆弱的。在地球作用力下，岩层会弯曲变形（地质学上称为褶皱）、出现裂缝（地质学上称为节理）甚至会断裂错位（地质学上称为断层）。褶皱和断层是岩层最基本的构造。研究褶皱和断层，我们可以了解同一层位的大体走向和分布地点，在找矿中“顺藤摸瓜”。当然，褶皱和断层还能帮助我们研究一个地区的地壳稳定性、地震发生的概率，从而指导工程建设。

岩层展现出颜色的变化也可以给我们提供很多信息。我们发现，有些地区的岩层如同绚丽的彩虹，呈现红、黄、绿、黑色彩的交替。那么这些色彩代表着什么呢？如果你去过北京中山公园，你或许还记得有个叫五色土的景观。五色土，是古代帝王铺填社坛用的五种不同颜色的土，《韩诗外传》云：“天子社广五丈，东方青，南方赤，西方白，北方黑，上冒以黄土”。这些土壤之所以因为颜色不同，是因为它们分布在不同的气候区，导致土中的成分差异。其实岩层变换的颜色与五色土的成因类似：红色的岩层往往是在炎热气候下形成，因为在炎热气候下，铁元素容易被氧化成三价态，从而将岩层染成红色；黄色和绿色的岩层则是气候相对转凉、变干的标志；黑色的岩层则表明富含生命有机质。

岩层还显现出层理构造，在野外最常见的是交错层理。交错层理通常也称为斜层理，它是由一系列斜交于层

系界面的纹层组成。这种斜层纹多由水流或风的流动而形成。在很多密集埋藏恐龙骨骼的岩层中，科学家们都找到水流形成的交错层理，说明这些恐龙是死亡后被洪水搬运，后来堆积在一起，被集体埋藏。

当然，岩层的构造种类还有很多，它们就像书中的图片，为我们讲述着一个个发生在史前的真实故事。

岩层所含的化石和矿物

如果说岩层的构造是地球史书的图片，那么地球史书的文字就是岩层中的化石和特殊矿物。

化石，顾名思义是古代生命留下的遗体和遗迹。岩层中的化石对于我们获取古代信息尤为重要。研究地球历史，给岩层断代，必然需要古生物这把时间标尺。虽然现在同位素测年技术可以给出地质年代的具体数值，但由于存在误差，干扰因素多，因此还不能完全担此大任。地球已有46亿年历史，目前最为可靠的化石出现在35亿年前的地层中，而生命的起点还要比这个时间提前3亿年。虽然绝大部分地质历史中都有古生物，但很多古生物属种只生活在特定的一小段时间内，并且分布十分广泛，它们的化石就是标准化石。如同我们在考古发掘中，发现青铜器就想到夏商周时期，发现三彩瓷就想起唐代一样，如果我们发现大量的三叶虫，那一定指示地层是古生代；而密集堆积的恐龙骨骼则指示中生代地层；猛犸象、犀牛等哺乳动物化石则只埋藏在新生代地层中。此外，特定的生物生活在特定的环境中，例如珊瑚生活在温暖的浅海，因此如果我们在某地发现了珊瑚化石，说明在远古时期这里是温暖的浅海。恐龙自然是陆地上的庞然大物，不可能跑到海里去，故恐龙的骨骼一定埋藏在陆地环境下沉积的岩层中。

除了化石外，特殊的矿物和沉积矿产也指示了古环境。例如，如果在岩层中发现大量的石膏、钾盐，说明这里可能出现过一个盐湖或者可能是一个干涸的海滩。如果出现煤层，表明以前这里是一片水草丰美的沼泽地。此外还有一种叫海绿石的矿物，一定指示的是海洋环境。

物以类聚，人以群分——地层的划分和对比

对于像书页一样的岩层，我们同样要分章分节。按照地质年代固然是一种不错的分法，但是在实际的地质研究中，根据岩层岩性、构造特征划分更为有意义。那么我们如何划分地层呢?

俗话说：“物以类聚，人以群分。”我们现在都用新媒体进行通信和信息传播，像QQ聊天、微信等，我们可以建群，群下还有讨论组，其实这个道理也可用在岩层划分上。巧合的是地质学家们也给岩层建群、分组，并且以地名给岩层的群、组命名。岩层的分组依据岩性变化或者

时代间断，例如在北京门头沟下苇甸我们可以看到新远古代沉积的泥质石灰岩和古生代沉积的豹皮状灰岩。前者属于景儿峪组的，后者属于昌平组，两者之间有3亿年的沉积间断。经常有地质爱好者摆出一脚跨越3亿年的姿势在此进行拍照。

一脚跨越3亿年——地质爱好者左脚踩在新元古代地层上，右脚踏在寒武纪地层上

除了“群”和“组”外，再往下分就是“段”和“层”，这是一套岩石地层单位，而且要注意，岩石地层单位和年代地层单位之间并不是严格对应的。

在地质研究中，我们不仅要对地层进行划分，还需要将地层对比，了解某一时代地层的分布情况，以利于找矿。那么我们如何知道两地出露的地层是否处于同一时代呢？要知道，外表看似相同的岩层可以不一定是同一时代。英国地质学家史密斯在19世纪初找到了连接不同地区同时代地层的纽带，那就是化石。史密斯发现，每个特定的岩层都含有独特的化石组合，因此根据化石可以进行不同地点的地层对比。有时候，我们虽然看到两个地区的岩层岩性相似，可是里面的化石却不同，这就说明它们形成于不同的时代。例如英国基莫里斯黏土岩中就含有菊石的化石，而在伦敦黏土岩中没有菊石化石，却有螃蟹的化石。不同时代的地层中化石内容不同，根本原因在于生物进化的前进性和不可逆性，以及某些具有时代烙印的生物的灭绝。当老的物种灭绝，新的物种出现，沉积岩层中的化石也就变化了，这个规律就是生物层序律。除了化石以外，上面介绍的岩层的构造以及岩性组合也可以作为岩层对比的辅助内容。

读懂地球这本书的核心

上面介绍的内容只不过是冰山一角，这些内容也是地质学研究的一个重要方面。那上述这些知识我们人类是怎样获得的呢?

其实，我们用的最基本的方法就是将今论古，也就是认为一些自然界的规律从古至今是基本恒定的，因此通过观察今天的自然现象，甚至进行模拟实验，然后反推过去，这也是读懂地球这本书的核心。

最后要告诉同学们的是，虽然我们的科技已经相当发达，但对脚下大地的认识还很肤浅。地球是一部巨厚的史书，我们人类也只不过读了其中的几页，藏在岩层中的知识、故事和秘密还有很多，等待我们去不断探索和发现。

第八章

冰冷中的激情似火

——火山和火山岩

山是沉寂的，石是冰冷的。然而在这沉寂和冰冷的外表下，可能隐藏着熊熊燃烧的火种。公元79年8月24日，地中海的维苏威火山突然打破沉寂，喷出了大量的熔岩和灰尘。山下的城市——庞贝顷刻间繁华落幕，淹没于灰烬之中。很多人仓皇撤离，留给街道的是一片狼藉，还有不少来不及撤离的，被炽热的火山灰掩埋。1900年后，当考古人员发现他们的遗体时，那面临灾难时惶恐的表情已被时光凝固。近几年，我们时常在新闻里听到欧洲、东南亚、拉丁美洲等地的火山喷发，周围的居民迅速撤离，航班大面积延误的报道。那么火山到底是怎样的一种自然力量呢？它对于我们人类来说只是灾难吗？

火山是什么

火山，如果从字面意思上理解，就是着火的山，其实这是完全错误的，因为火山喷出的不是火，而是岩浆、气体以及灰尘，根本不是山体在燃烧。

和其他的山不一样，火山的形状普遍呈现圆锥形，有点像是酒心巧克力——里面的酒精就是岩浆。与酒心巧克力不同，在圆锥的内部有一个喷管，这个喷管连接在地下的岩浆。这种结构倒是和我们使用的燃气炉灶相似，连接的管道就好像火山管，而灶台就好似火山锥，当把炉灶打开后，燃气就会喷出来被点燃。

五大连池的古火山口（赵洪山　摄）

火山喷出的物质，不论是气体也好，还是液体或固体，它们都来自地球的深部，有时可以深达几十乃至上百千米。要想使这么深的东西喷上来，必须要有强大的深部压力，换句话说就是地球的内动力作用。那什么地区会满足这样的条件呢?

我们知道，地球表面由不同板块拼合而成，在板块的边缘地带，由于板块之间的碰撞或者撕裂，常常会产生这样强大的动力，因此火山活动也就集中在板块边缘，比如欧洲南部地中海沿岸、太平洋沿岸、东非大裂谷等所处位置，都分布有众多的火山。

火山岩

火山喷出的岩浆冷凝后形成的岩石就是火山岩。这里要说明的是火山岩并不能和岩浆岩（或者说火成岩）画等号。岩浆岩有的是在地壳深部冷凝，有的是在浅部冷凝，只有一部分是火山喷发后，岩浆在地表冷凝的。可以说火山岩只是岩浆岩中的一种，在地质学上称为喷出岩，它们的岩石性质和在深部冷凝的岩浆岩完全不同。

我们最为常见的火山岩就是玄武岩类了。玄武岩种类繁多，形态多样，有的像拧成的麻花，有的则呈现蜂窝一样的六方柱，还有的满是小孔。我们搓脚常用的一种能够浮在水面的满是孔洞的石头，其实就是一种玄武岩。那么玄武岩为什么会出现多样的形态呢？这与玄武岩冷凝的状态有关。当岩浆在翻滚状态下冷凝，就会形成像麻花一样的熔岩。当岩浆均匀冷凝收缩，就会产生裂隙，而这种裂隙往往以正六边形居多，六方柱玄武岩就是这么形成的。在岩浆冷凝过程中，岩浆中的挥发成分会迅速逃逸，留下

拧成麻花状的熔岩（五大连池）

大大小小密集分布的孔洞，冷凝后的岩石也就是多孔的。此外，在大洋中火山喷发形成的玄武岩在海水的作用下还会形成酷似枕头的形状，称为枕状玄武岩。

除了玄武岩外，还有很多种类的火山岩，例如安山岩和流纹岩。安山岩，顾名思义是在南美洲安第斯山普遍发现的一种岩石；流纹岩则是因为岩石的表面有流动的纹理。同样是火山喷出的岩浆冷凝形成的岩石，为什么种类这么多呢？原来，岩浆中的化学成分差异很大，其中一个重要的影响因素就是二氧化硅（SiO_2）的含量。当二氧化硅含量低于52%时，就形成玄武岩类；而在53%—65%则会形成安山岩类，超过65%就会形成流纹岩类。

这里还要告诉大家的是，经验再丰富的地质学家到野外遇到一块岩浆岩时都不可能立刻准确定名，只能将其划归到某个类群中去，在带回实验室仔细观察岩石的结构和构造，分析矿物成分之后，才能够准确定名。

火山带给我们什么

火山虽然带给我们灾难，但是它带给我们的财富要远远大于灾难。

同学们听科技新闻，经常听到有关宇航员在深空开展科学实验和太空生活的消息，却从未听说哪个科学家来一次地心之旅。目前我们的宇航科技已经能把人送到38万千米远的月球，可人类对地下世界的探索只不过是1万来米的深度。地球的半径有6371千米，如果把地球比作一个鸡蛋，那么我们连蛋皮都没打穿，又怎能知道“蛋清”和“蛋黄”是什么味道。但是这并不意味着真的入地无门，因为火山为我们探索地下世界打开了一扇窗。火山喷发的岩浆来自几十甚至几百千米的深部，告诉我们那里的物质组成，可谓是深入地球内部的一根探针。

火山还给我们带来大量的金属和非金属矿产资源以及肥沃的土壤。我国海南琼山地区利用火山灰土发展林果业，如今已经成为荔枝、龙眼、杨桃和波罗蜜水果生产基地。拉丁美洲的部分咖啡种植地也得益于火山灰土。火山岩更是用途广泛。玄武岩是修筑公路、铁路、机场跑道所用石料中最好的材料，一些艺术家根据浮石多孔和皱、漏的特点，用来建造园林中的假山，或雕成小巧玲珑的盆景。火山形成的玻璃质黑曜岩，如今也做成了佩戴在胸前或腕部的首饰。

火山形成了美丽的自然景观。例如黑龙江五大连池，是18世纪火山喷发，熔岩阻塞白河河道，从而形成五个相互连接的湖泊，其灵动的湖水中倒映着雄峻青山，山水辉映，构成一幅优美的中国传统山水画卷。再如长白山天池，它是火山喷发后积水形成的火山口湖，湖周峭壁百丈，环湖群峰环抱，湖内常有蒸气弥漫，瞬间风雨雾霭，

宛若缥缈仙境。此外，浙江的雁荡山据科学考证是一座典型的白垩纪流纹质古火山，素有“袁中绝胜，海上名山”之誉。

火山铸就了中国辽西化石之乡。我国的辽西地区以出产大量的带羽毛恐龙、古鸟类、有花植物和古哺乳动物而闻名。这些化石不仅补充和改写了生命演化史书，而且使我国的古生物学在世界自然界占有重要的一席之地。那么辽西为什么能保存这么多精美的化石呢？原来，辽西在1.3亿年前火山活动活跃，大量的生物在遇到火山喷发后窒息而亡掉入湖中，最终整个湖泊被火山灰迅速掩埋，生物遗体还没来得及遭到破坏就被封闭在与世隔绝的环境里，于是才有了今天我们看到的一件件精美的化石。

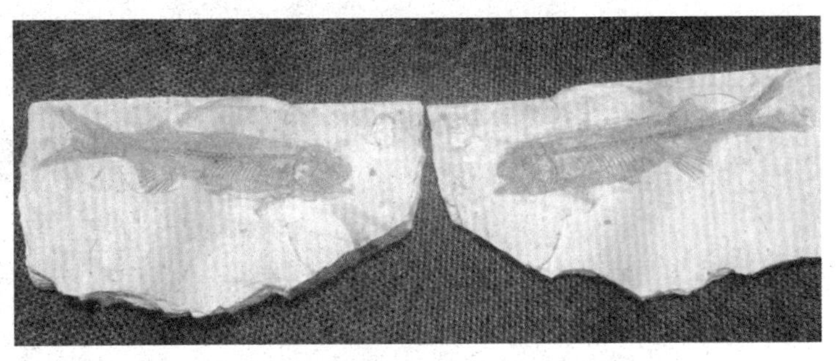

来自辽西的精美化石保存在火山凝灰岩中

火山带给我们的还有很多很多，虽然它圆锥形的外表看似清冷孤傲，但是内心却有一颗燃烧的火种。它咆哮的时候虽然可怕，但也带给我们无尽的财富。

第九章

英雄心，不朽身

——话说人民英雄纪念碑的石材：花岗岩和汉白玉

迎着朝阳，五星红旗在天安门广场冉冉升起。在广场旗杆南侧的人民英雄纪念碑更是在朝阳的映衬下熠熠生辉。从1952年动工兴建至今，它已经在这个广场上矗立了60多个春秋。“人民英雄永垂不朽”八个大字以及石块浮雕使它在亿万中华儿女心中留下永恒的记忆。

你知道吗？制作纪念碑的石材也是十分讲究的。纪念碑的碑心是由一整块取自山东青岛的花岗岩制作而成，而那精美的浮雕以及洁白的碑座和台阶，则是来自建筑石材中的贵族——汉白玉。这两种石材打造的纪念碑也暗含着“人民英雄永垂不朽”的含义。那么花岗岩和汉白玉到底是什么样的石材呢？

石中的“英雄”——花岗岩

不知在你的心目中，对英雄有何定义。相信“满腔热血”“坚贞不屈”“功勋卓越”“坚韧不拔”这四个成语一定是很多人备选的形容词。而用这四个词形容花岗岩，也恰如其分。

花岗岩是一种自然界中常见的岩石，有的呈现红色，似夕阳下的一抹彩霞；有的则呈现灰色，给人以沉稳端庄之感。如果拿到手里仔细观察，你会发现岩石上密密麻麻地布满黑色的斑点，令人眼花缭乱，有些斑点在灯光下还会发出金光——花岗岩也得名于此。不管是“黑点”也

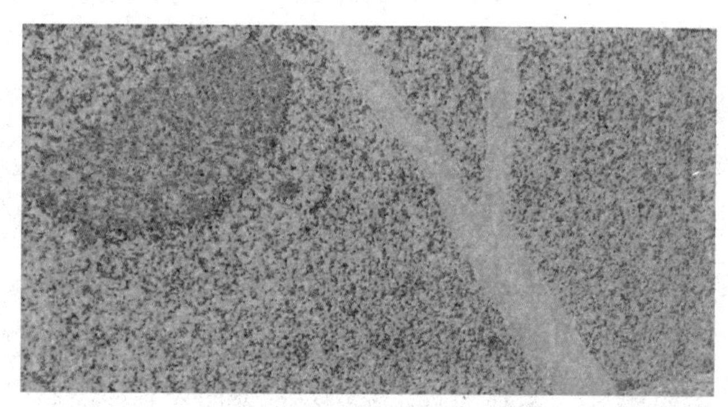

含有包裹体和岩脉的花岗岩

好，还是“红底”也罢，都是矿物。在普通放大镜下仔细观察花岗岩，我们会发现黑色斑点实际分为两种：一种发亮，在灯光下能闪金光，这便是黑云母；另一种不能闪光的则是角闪石。此外，我们还能看到一些暗灰色或灰白色的斑晶，这便是石英。花岗岩有的呈红色，有的呈灰色，这实际是由一种名叫长石的矿物控制的。长石分为钾长石、斜长石和正长石三种，其中钾长石呈现肉红色，它是红色花岗岩的主要组成矿物；而斜长石和正长石则呈现白色或淡灰色，它们是灰色花岗岩的主要组成矿物。

那为什么说花岗岩“满腔热血”呢？据地质学研究，它是岩浆在地下深部冷凝形成的，是岩浆岩的典型代表，可以说它的诞生就已充满了火一样的激情。

“坚贞不屈”则是形容其石性。花岗岩不仅不易风化、颜色美观，而且硬度高，耐磨损，因而自然成为工程建筑的优秀石材。它的抗压性很强，据测算花岗岩的抗压程度达到1000—3000千克/厘米^2，相当于一个指甲盖大小的面积承受一头小象的重量。它的硬度（摩斯硬度）达到6以上，而我们常用的刀具硬度也就5.5左右，真可谓“刀枪不入”。当然，也有人用“花岗岩的脑袋”来比喻某些人的思想顽固不化。

厦门鼓浪屿日光岩（花岗岩质）

花岗岩在人类历史发展的长河中扮演了重要的角色。在世界各地有许多用它建造的文化遗产，像埃及的金字塔、古希腊的神庙、古罗马斗兽场等。中华民族对于花岗岩的开发和利用可以追溯到10 000年前的新石器时代——在山西怀仁鹅毛口发现了大量用花岗岩磨制的石器。此外，在西安碑林藏有公元前424年雕刻的花岗岩石马；在许多帝王将相的陵墓、古代的石拱桥以及佛教石窟造像中都能见到它的身影。中华人民共和国成立以后，花岗岩的开采加工得到迅速发展，应用领域不断扩大。除了天安门广场上的人民英雄纪念碑的碑心外，南京雨花台的烈士群像、兰州"黄河母亲"的巨型石雕都取材于它。更值得一提的是，花岗岩还造就了我国许多的名山大川和优美的风景，例如安徽的黄山、厦门鼓浪屿的日光岩、山东的蒙山等，真可谓"功勋卓越"。

当然，在花岗岩身上还记录着一段心酸但却值得回味的历史。19世纪60年代，美国筹划修建横跨东西的太平洋铁路，这是第一条横跨北美大陆的铁路。为了降低建造成本，美国人到海外雇佣大量的廉价劳动力，而中国则成了他们的首选目标。当时的中国刚刚经历了第二次鸦片战争，列强的侵略加上清政府的盘剥使广大人民生活在水深火热之中。不少人为了挣钱养家糊口，怀揣着淘金梦踏上了前往大洋彼岸的轮船，然而等待他们的则是另一场噩梦。在这条长达3000千米的铁路线上，施工难度最大的工程要数开凿内华达山脉的隧道，而此项工作全部由华工承担。内华达山脉地区气候恶劣，地势险峻，并且由于山脉由坚硬的花岗岩构成，施工难度极大。在修建内华达山脉隧道的几年里，正赶上当地百年不遇的严寒，冬季的温度

可以降到零下10摄氏度以下。华工们每天在白人监工的鞭打下干十几个小时重体力活，而晚上只能挤在用木板搭建的简易棚户中过夜。在这种工作环境下，累死、病死或工伤致死的华工不计其数。据一项粗略的统计，仅1868年一年就有1000多名华工牺牲在内华达山脉隧道的施工现场。可以说，内华达山脉隧道铁轨下的每一根枕木上都躺着一具华工的尸体。1869年，被称为工业革命以来的世界七大奇迹之一的美国太平洋铁路全线贯通，正是这条铁路成就了现代美国的运输大动脉。而前往美国的数以万计的华工用自己的血泪成就了这个世界奇迹。在内华达山脉旁，还有一段华工用开凿下来的花岗岩碎片砌成的至今依然十分坚固的铁路路基。美国人形象地把它称为“内华达山上的中国长城”，它不仅象征着一个伟大的工程，更象征着中华民族坚韧的品格。

产自帝都的帝王之石——汉白玉

人民英雄纪念碑那十块记录鸦片战争以来重大历史事件的浮雕，那洁白的栏杆和台阶都取材于另外一种石材，就是被称为帝王之石的汉白玉。汉白玉叫“玉”，却不是玉，其名称目前有两种解释：一种说法认为这种石料类似洁白无瑕的美玉，并且是从汉代起开始使用，所以称为汉白玉；另一种说法是古人把白玉分为了“水白玉”和“旱白玉”两种。水白玉是从河床中拣拾的白玉料，旱白玉是产在山上的白石料。后来由于长时间的流传，人们就把“旱”误传成了“汉”。

汉白玉在岩石学上被定义为白色细晶的大理岩。“白色”很好理解，那什么是“细晶”呢？其实，当我们拿放大镜观察岩石的时候，会发现岩石也具有颗粒结构，有的颗粒大，有的颗粒小，还有的则用肉眼很难分辨出颗粒。地质学上按照颗粒的大小分为粗晶、中晶、细晶和隐晶。再来谈谈“大理岩”，在我们日常中俗称大理石，是建材市场上常用的材料，在我国云南省大理市旁边的苍山上就盛产这种岩石，因此这是一种以地名命名的岩石，主要的组成矿物是方解石和白云石，它是由石灰岩、白云岩等碳酸岩经过变质作用而形成的。我国出产白色大理岩的虽然

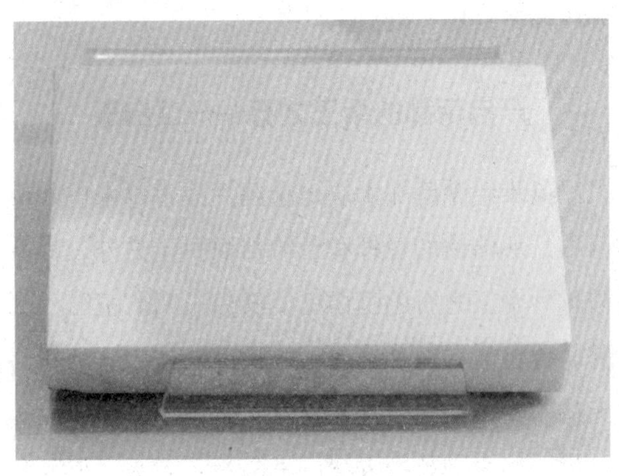

产自房山大石窝的汉白玉

不少，但是正宗的汉白玉都来自北京房山区的大石窝。

在北京故宫保和殿的台阶上有三块云龙石雕，其中最大的一块长16.57米，宽3.07米，厚1.7米，重达250吨，上面雕刻着九条巨龙在山崖、流云中腾飞。即便在科技发达的今天，将这样一大块石料从几十千米外的房山运到故宫，也需要动用大量的人力和机械。而在几百年前的明代，运输它更是有着一段用汗水和艰辛写成的故事。据记载，当时运输时动用了上万民夫，上千头牲畜，用滚木拽运旱船的方法运输。每行进一市里路就要打一口水井，取出的水用于汲水及民夫饮用。从房山到紫禁城共运输了一个月的时间，平均每天也就行一两千米的路程。当时，人们把辛苦拽运这样巨石的方式称作“万人愁”。可是这种运输方式却体现了我国古代劳动人民的智慧与创造精神。

汉白玉不仅为北京的古建筑提供了珍贵的石料，其本身也是北京十几亿年沧桑史的见证。据地质学家研究，北京房山地区在距今十六七亿年前的元古代还是一片浅海，在海床上沉积了厚厚的碳酸盐岩，其中以白云岩为主，还有硅质岩，这就是汉白玉的母岩。后来受到强烈的区域变质作用，白云岩发生了重结晶，形成了白云石大理岩，也就是汉白玉。由于经过了重结晶作用，汉白玉的抗腐蚀性很高，能够保证人民英雄纪念碑在广场上矗立1000年以上。

可以说，花岗岩、汉白玉这两种建筑石料真正赐予了人民英雄纪念碑“英雄心，不朽身”。当有机会再去纪念碑瞻仰，向自1840年鸦片战争以来，为了反对内外敌人，争取民族独立和人民自由幸福，在历次斗争中牺牲的人民英雄致敬的时候，请你再去细细看看塑造了纪念碑的石料。它们是大自然赐予人类的礼物，它们让英雄永垂不朽。

第十章

变质：贬义词还是褒义词？

——谈谈变质作用和变质岩

说起“变质”，相信大家一定认为这是个贬义词。变质的食品不能食用，而如果说一个人变质了，那说明他的道德品质出现了问题。但是你知道吗？岩石也会变质，不过岩石变质的结果是创造精彩。

岩石怎么会变质

岩石常被我们看作是永恒不变、坚韧不拔的事物。但无论什么岩石，只要所处的环境和当初形成的环境有所不同，岩石的结构、构造和矿物组成就会发生变化。导致岩石的质地发生变化的原因有温度和压力的改变，以及岩浆和水溶液的侵入作用。

当岩石所处环境的温度升高，压力增大时，组成岩石的矿物就会发生重结晶作用，这种重结晶有时会使得组成岩石的颗粒变粗，岩石的质地变得更加坚硬。例如大理岩就是石灰岩或者白云岩经过重结晶后形成的变质岩，它成为重要的建筑石材。

岩浆和热液活动对于岩石质地的改变也是功不可没的，在岩浆和热液流经的地区，岩石中的矿物会因化学作用而发生变化。例如白云岩或菱镁矿在热水作用下会形成滑石。

当然构造运动、断层活动也会使得岩石碎裂，并形成新的矿物，这也是一种常见的变质作用。

常见的变质岩

当岩石的质地变化后，会带给我们很多精彩的事物。我们常见的变质岩都有哪些呢?

首先是大理岩，也就是我们所说的大理石。颜色丰富、石质细腻、花纹多变的大理岩是我们重要的建筑石材。云南省大理古城外的苍山上就产出这种变质岩，因此其得名也来源于此。当然北京房山大石窝还出土一种白色的大理岩，也就是汉白玉，它是我国宫廷建筑的重要石材，像故宫的栏杆、天安门前的华表以及人民英雄纪念碑的浮雕都是它的杰作。

其次是片麻岩。“片”可以理解为铁片状的长形矿物；“麻”则是像芝麻一样的粒状矿物。在片麻岩上我们可以看到片状和粒状矿物组合在一起，并且呈现定向排列。片麻岩属于变质程度较高的岩石，它是黏土岩、砂岩和像花岗岩一类的中酸性岩浆岩在高温热接触变质作用下形成的。五岳之尊——东岳泰山就是由片麻岩构成的山脉。此外片麻岩一般都十分古老，有着十几亿乃至几十亿年的历史，它也是地质学家研究远古地球的重要科研材料。

此外，在公园我们看到一些小路、墙上铺有一种呈扁片的岩石。这是板岩，它由粉砂岩、泥页岩以及凝灰岩经过变质形成，可以劈开成石板。

玉石成因的探秘

中国是一个崇尚玉石的国度。玉石以其温润的质地和纯正的颜色受到历代王侯将相的青睐，也深深地融入中国文化中。我国本土产的和田玉、昆仑玉、南阳玉、蓝田玉、岫岩玉世界闻名。从缅甸传来的硬玉——翡翠，更是风靡珠宝玉石市场。那么这些玉石到底是什么，它们属于三大岩中的哪一类呢？我们可以从它们的形成过程一探究竟。

1. 翡翠

曾几何时，翡翠的成因被看作是千古之谜，然而通过模拟实验以及分析翡翠矿床的地质构造特点，我们大致能够还原出翡翠形成的过程和条件。翡翠的形成需要强大的压力，但是温度又不能很高，也就是200—300摄氏度。此外，还有一个值得注意的是凡发现有翡翠的地方均有含钠长石的火成岩侵入体。因此很多地质学家认为，翡翠是在相对低温高压环境下，钠长石经过去硅等变质作用形成的。那种高压而温度又相对较低的地方只有可能是构造挤压很强烈的地区。这种地区主要分布在造山带，特别是我国云南到缅甸一带，在地质历史上发生过板块的碰撞和拼合，并伴随后期岩浆侵入，因此是世界上为数不多的产翡翠的地方。

2. 和田玉

和田玉的原生矿分布于中酸性侵入体与前寒武纪的碳酸盐岩的接触带，沿层面、构造破碎带和接触带分布。因此可以肯定这种美玉是由于深部岩浆侵入到近地表的碳酸盐岩层时发生接触变质或交代变质作用而成。后来随着地壳运动，这种玉石矿就随造山运动出露地表，也就形成了所谓的山料。山料经过风化作用后破裂，并沿山坡崩落到峡谷和河床中，被流水搬运后沉积下来。此时，玉石的棱角有一定磨损，称为山流水。山流水料在河床中经过长时期的流水冲刷，最后形成了晶莹剔透、圆滚滚的鹅卵石状玉石，这就是籽料。

3. 岫岩玉

在我国辽宁岫岩地区有大量另外一种玉料，颜色多为带黄的浅绿色，玉料整体为半透明。它的主要构成矿物是蛇纹石，有时还会含有少量的透闪石。这种玉的形成需要漫长的地质历史，在十几亿年前的元古代，辽宁岫岩地区还是一片大海，海中富集沉积了大量的碳酸盐岩。到了1亿多年前的中生代，由于地壳运动岩层产生褶皱隆起，同时伴有岩浆岩体侵入，大量含二氧化硅的热液沿层间构造渗透进来，原来沉积的碳酸盐岩发生热液蚀变，从而形成了今天我们见到的美玉。

4. 独山玉（南阳玉）

独山产玉的历史至少可以追溯到6000多年前的新石器时期——在南阳地区曾经出土一件用独山玉制成的玉铲。此后在商代的遗址和墓葬中也发现过不少的独山玉玉器。说明在3000年前，独山玉的使用已经较为普遍。汉代时独山玉已经大规模开采，今天还保留着古代采玉的坑洞1000多个，也为今天找玉提供了重要线索。

和很多玉不同，独山玉的色彩鲜艳，主要有白、绿、紫、黄、黑等几种，其质地细腻而坚硬。独山玉的这种玉质主要与它的矿物组成有关，其主要矿物为斜长石和黝帘石，次要矿物是角闪石、透闪石、阳起石、透辉石等。独山玉的形成也是地球上的一段沧海桑田史。据科学研究，在2亿多年以前，我国的南北方是分离的两个陆块，中间隔着秦岭洋。后来随着两个陆块的碰撞，秦岭洋被挤压，最终消失。这种强烈的挤压作用导致大量的岩浆活动和广泛的变质作用，最终塑造成了这种精美的玉石。

可见，今天很多人趋之若鹜的玉石实际就是变质岩，是亿万年的变质作用塑造了它们冰清玉洁的身段和流光溢彩的颜色。“变质”虽然在我们的文化中被视作贬义词，但是从地质作用及其对人的意义看，变质作用创造了精彩。

第十一章

玉之魂，石之美
——谈谈玉石

据考证，全世界最早认识石头并对它做出分类的是我们中华民族；而最早将石头中稀少并具有美感的一类称为玉的也是我们中华民族。从石器时代，人们就用玉石制作各种装饰品。从战国时的和氏璧，到汉代的金缕玉衣；从古代各种玉器制品到北京奥运会金牌上的金镶玉，可以说玉和中华民族的历史、政治、文化和艺术的产生及发展存在密切关系，它曾影响了世世代代人们的观念和习俗，影响了中国历史上各个朝代的典章制度，影响了一大批文学和历史著作。

从自然的角度看，玉石是由矿物集合体组成的，能用来雕琢器皿、工艺品、珠宝饰品的多晶质、隐晶质和非晶质材料的总称。从狭义的角度看，所谓玉是局限于中国自古以来不断传承和发展的“四大名玉”——新疆的和田玉、辽宁的岫玉、河南的独山玉和湖北的绿松石，随着新的玉料不断被发现和开采利用，陕西的蓝田玉、青海的昆仑玉、云南的黄龙玉，乃至来自异域的阿富汗玉、俄罗斯玉和缅甸玉（翡翠）也加入了名玉的行列。如今，随着玉石概念的不断拓展，玉石家族的成员也不断增多，例如我国古代四大印章石——寿山石、青田石、昌化石、巴林石；近年来被称为珠宝收藏新宠的南红玛瑙、孔雀石、青金石和欧泊都被写入了这个大家庭的家谱。

玉石——自然的精华

玉石是大自然的精华，而孕育这些精华的则是各种地质作用。在中国地质博物馆的地球展厅，就展示了各种地质作用及其留下的产物。地球的地质作用分为内动力地质作用和外动力地质作用。内动力地质作用是指由地球内部能量引起的地质作用，是地球内部圈层之间相互作用的结果。它一般发生在地球内部，但常常可以影响到地球的表层，表现为构造运动、岩浆作用及地震等。外动力地质作用是指各种外动力对地壳表层岩石的改造，其能源主要来自地球以外，如日月引力能、太阳辐射能、生物能和重力能等。常见的外动力地质作用有冰川地质作用、河流地质作用、地下水地质作用、海洋地质作用和风的地质作用。它们是地球外部圈层相互作用的结果。

在玉石的形成中，内动力地质作用中的岩浆作用和变质作用以及外动力地质作用中的沉积作用起到了关键的作用。当然，流水、风化剥蚀也是玉石形成中的重要影响因素。以大名鼎鼎的新疆和田玉籽料为例，它首先是由炽热的岩浆与碳酸盐接触后发生化学交代作用，形成了透闪石等新生矿物，导致岩石变质成洁白的美玉；之后随着构造运动不断抬升最后出露地表，随着风化作用的不断进行，一些原生的玉料崩落到山谷的河中，在长期流水作用下才形成了更为圆滑、温润的籽料。再如翡翠，它是在低温的环境中由于板块碰撞产生的压扭性应力作用，钠长石先变质成蓝闪石片岩，之后再变质成硬玉。

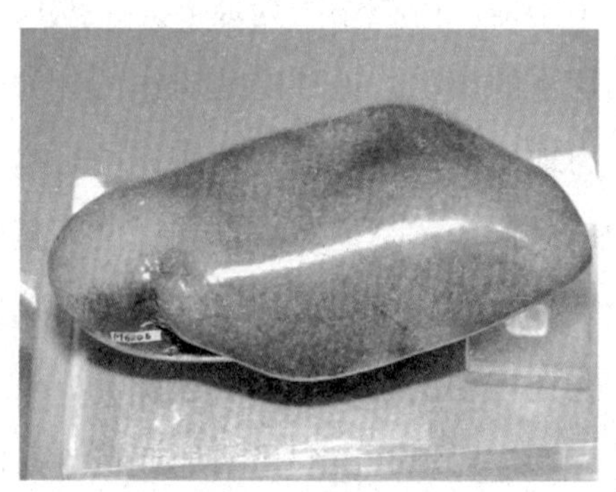

和田玉籽料（赵洪山　摄）

可以说，每一种玉石的形成都经历了复杂的地质作用，并且要求特殊的温度和压力环境配合，因而它们的产量极为稀少，地域性很强，甚至很多是一个地区的独有之宝。因此，它们也是大自然这部史书中最为珍贵和精彩的文字。

美玉何处寻

如果我们去某地寻访一位名人，首先我们要知道他住在哪个城市，位于城市中哪个区；其次我们要继续查询住在哪条街，哪幢楼，多少号；了解这些以后，我们还要查阅交通线路以及周围的标志性建筑物。寻找玉石的道理与此是相通的，只不过玉石的“住址”是用地质学密码所编写的。

首先，我们要知道玉石所形成的大地构造环境。很多玉石都是变质作用的结果，而这种变质作用往往又伴随着岩浆作用。因此，在地史时期那些岩浆和变质作用强烈的地区往往是玉石的重要产地，而我国西部造山带就符合这个特点，因此很多名玉珍宝都来自那里。其次，我们要了解产出这种玉的矿脉分布特征，这是很专业的地质信息，一方面要依赖地质调查的深入进行，另一方面则需要查阅大量的文献古籍，还要依赖当地百姓采玉的经验。

还是以寻找和田玉（这里指狭义上的产自新疆和田地区的软玉）为例，首先玉的产地就是南疆盆地的和田地区，因此必须要前往那里才能找到。到了和田地区以后，需要在当地从事多年地质调查工作的地质队员或从事多年采玉工作的老乡带路去寻找和田玉矿脉露头分布区，最后在这些矿脉分布区周围的河谷中，沿河床向下游方向搜寻，才可能找到一些籽料。道理虽如此，但是要特别提示的是目前国家已经加强了玉石的采掘管理，几乎所有的玉石矿脉分布区都必须有许可证才能进入。很多珍贵的玉石品种矿脉已经接近枯竭或者被国家强制保护起来。

玉石的肉眼识别

玉石的识别实际上包含两层含义：一是玉石品种的识别；二是玉石真假的辨别。虽然今天有非常精密的仪器可以进行准确无误的鉴定，但是多数情况下还需要我们用肉眼进行识别。要进行肉眼识别，我们就必须了解一些玉石的物理性质，特别是光学性质，包括颜色、光泽、光彩、透明度、发光性等。

在肉眼中，玉石给我们最直观的印象要属颜色了，例如很多和田软玉如牛乳一样雪白，而辽宁的岫玉则常呈现温润的绿色。但是颜色也是最易欺骗人的。一方面是因为玉石中如果含有一些杂质或者染色离子，它会呈现出与本色不同的颜色，如有的和田玉带有一些棕色的皮子，有的翡翠还会呈现黑色。更为重要的是，颜色是最容易被制假者所利用的。

相对于颜色，光泽的可靠度要高一些。所谓光泽就是玉石表面上呈现的一种亮光，这在很大程度上取决于宝石的折射率，也取决于剖光度。玉石中常见的光泽有油脂光泽、玻璃光泽、丝绢光泽、珍珠光泽等。当通过肉眼去观察比较阿富汗玉和和田玉时，你会明显感到和田玉给你一种油汪汪的感觉，而阿富汗玉则显得十分惨白，这就表明和田白玉具有较强的油脂光泽。此外，一些玉石还有特殊的光学现象，如欧泊具有晕彩，金绿宝石具有猫眼现象等，这些都是识别玉石的一个重要依据。

宝石的一些力学性质，如硬度、解离、断口等也可以用在日常的识别和鉴定上，但在很多情况下都是有损的鉴定。例如鉴别和田玉和阿富汗玉就可以用到硬度，由于和田玉的硬度普遍比小刀要高，而阿富汗玉的硬度比小刀要低，因此小刀在和田玉上不能刻划出道道，而在阿富汗玉上则能刻划出来。

当然，光有这些知识还远远不够，我们需要通过更多的实践经验将自己的眼睛擦亮。说白了就是要“多看真东西”，多进行真假对比，并且在购买和投资玉石时多一分谨慎。

玉石是大地带给人类的宝物，是亿万年地质作用的精华。从遥远的史前时代，到几千年的中华文明史，玉石不断书写着一个又一个精彩的传奇故事。

第十二章

脾气和秉性

——谈谈矿物的基本特性

“江山易改，本性难移”，可见一个人的性格是他的重要特征。其实和人一样，各种矿物也有自己的特性，这也是它们之间相互区别的重要依据。那么矿物都有什么特性呢？

首先我们要明确绝大多数矿物都是晶体，也就是化学元素的离子、离子团或原子按照一定规则重复排列而成，因此我们看到的大部分矿物都具有比较规则的几何外形。几何外形就像人的体型，是矿物的身份标志之一。此外，矿物还有颜色、透明度、硬度、解理、断口、弹性、塑性、发光性、导电性等一系列性质。就像人的脾气秉性决定了他（她）适合干什么类型的工作一样，矿物的性质也决定了它们的用途。

矿物的“体型”——晶型和结晶习性

就像我们人有高矮胖瘦一样，矿物也有不同的体型。衡量矿物体型的两个特性包括矿物的晶型和结晶习性。

矿物的晶型有单形和聚形之分。单形就是矿物晶体由多个全等的晶面组成，如立方体、正四面体、六面体等，目前单形只有47种。聚形就是组成矿物晶体的晶面由多个不全等的面组成，经常为两个或多个单形的组合，如六方双锥就是中间为一个六棱柱，两端为两个六棱锥体。

矿物的结晶习性则是矿物晶体向空间三个维度发育的情况。有的矿物形成柱状、针状、纤维状，称为一向延伸；有的矿物形成板状、片状、鳞片状，称为二向延伸；还有的矿物常形成粒状、球状，称为三向延伸。

和我们能够减肥或增重不同，矿物的体型基本稳定，因此是鉴别矿物的重要手段之一。例如，黄铁矿经常形成大块非常规整的立方体、六面体、八面体，自然金却很难形成这样的形状。故虽然两者表面都金光闪闪，但我们还是很容易甄别的。

矿物的不同体型也使得一些矿物具有精美的造型，甚至成为模仿大师。例如，辉锑矿的晶体呈现长柱状，多个晶体形成的晶簇酷似一盆生机勃勃的植物，观赏性极高。再如，磷氯铅矿，其绿色的短柱状晶体很像我们吃的“酸豆角”。一些片状矿物还组成花朵状，像石膏和重晶石就可以形成“沙漠玫瑰”。

“外衣”和“皮肉”——矿物的颜色和条痕

作为黄种人，周围的人不会因为你穿了一件黑衣服或白衣服就说你是黑种人和白种人，矿物同样也有“衣服”和“皮肉”之差别。所谓的“外衣”就是指矿物外表的颜色，如赤铁矿的暗红色，孔雀石那迷人的绿色，黄铁矿的金黄色，蓝铜矿的碧蓝，等等。如果光从外表颜色看，我们的肉眼很容易被蒙蔽。那么如何知道矿物皮肉的颜色呢？科学家们找到了一种好的方法，就是条痕色。

所谓条痕色，是指矿物在白色瓷板上划出的粉末的颜色。这种粉末颜色可以消除一些杂质或者是物理因素的影响，因此比矿物外表的颜色更为稳定。例如，有的赤铁矿外表为赤红色，但也有的是黑灰色，不过它们的条痕色都是樱红色；再如，黄铁矿和黄金外表都是金黄色，但是它们的条痕色就不同了。黄金仍旧表里如一，条痕也是金黄色，可是黄铁矿却表里不一了，它的条痕色为黑色或黑绿色。

“是金子总会发光”，这话科学吗？
——矿物的光泽和发光性

“是金子总会发光”是激励一代又一代人的至理名言。但是从矿物学的角度看，应该说“是金子总会反光”，这就引出了矿物的两个特性——光泽和发光性。

矿物的光泽是矿物表面对于光线的反射形成的光泽，光泽主要有金属光泽、半金属光泽和非金属光泽。在非金属光泽中又分为金刚光泽、玻璃光泽、油脂光泽、珍珠光泽、丝绢光泽、土状光泽等。之所以说“是金子总会发光”是因为自然金对光线的反射能力强，具有金属光泽，此外像黄铁矿、方铅矿等都具有这样的光泽。在珠宝玉石中，我们常听到“羊脂白玉”，这是和田玉中的上品，而它的名称实际上代表了这种玉具有较强的油脂光泽，像羊乳一样。一些透明或半透明的矿物，例如水晶、冰洲石、

萤石、方解石具有玻璃光泽。那些纤维状的矿物如石棉、纤维石膏等则具有像丝绸制品一样的丝绢光泽。

光泽是反射光线的结果，而另有些矿物在外来能量激发下可以发出可见光。如果在外界作用消失后停止发光，称为荧光，如萤石在加热后可以产生蓝色荧光，这也就使其成为制作夜明珠的材料；此外金刚石在X射线照射下亦可以发出天蓝色荧光。有些矿物在外界作用消失后还能够继续发光，称为磷光，例如磷灰石。

坚韧与脆弱——矿物的力学性质

有的人坚强，有的人韧劲十足，也有的人十分脆弱。其实矿物也有坚强和脆弱的区分，衡量矿物坚强程度有多个指标，统称为矿物的力学性质，包括硬度、解理、断口、脆性和延展性、弹性和挠性。

矿物的硬度是衡量矿物“坚强”程度的最重要指标，它是指矿物抵抗外力刻划、压入以及研磨的程度。德国的摩斯（F.Mohs）选择了10种矿物作为标准，将硬度分为10级，再加上手指甲和小刀这两种鉴别硬度的常用工具组成了摩氏硬度计。这10种矿物硬度从低到高依次为滑石（硬度1），石膏（硬度2），方解石（硬度3），萤石（硬度4），磷灰石（硬度5），正长石（硬度6），石英（硬度7），黄玉（硬度8），刚玉（硬度9），金刚石（硬度

10）。此外手指甲的硬度为2.5，小刀的硬度为5.5。

那么硬度到底有什么用呢？我们举一个鉴别真假和田玉的例子，真正的和田玉为透闪石和阳起石组成的玉料，其硬度在6左右，高于小刀，因此用小刀很难在和田玉上刻划。相反一些冒充和田玉的玉料，如阿富汗玉、俄罗斯玉，其硬度要低于小刀，小刀是可以刻划的。此外，有珠宝玉石知识基础的人会发现，位于摩氏硬度计上硬度较高的矿物都是某些宝石的组成矿物，像硬度为7的石英，如果达到宝石级就是水晶；再往上，宝石级的黄玉就是托帕石；宝石级的刚玉就是红宝石和蓝宝石；宝石级的金刚石就是钻石。所以高硬度是珠宝玉石的普遍特性。

除了硬度，矿物的解理也很重要。什么是解理呢？解理是矿物晶体按照一定方向破裂并产生的光滑平面。就好似再坚强的人内心也有脆弱的地方一样，解理的确就是矿物的薄弱面。正因为有了解理，所以最硬的钻石我们才有可能切割，而切割钻石的工具目前多用激光。

有些矿物的解理面不发育，当受到敲击破裂后会呈现不规则的断开面，称为断口。像我们看到一些水晶原石上会有像贝壳一样弧形的凹痕，这就是贝壳状断口。当然，也有的矿物断口呈现锯齿状断口、参差状断口，还有的断口比较平坦。

在形容性格时，有些人我们形容很坚强，有的人很坚韧。“坚强”和“坚韧”其含义还有所不同。坚韧表明一个人韧劲十足，能够审时度势，做出在逆境中对自己最为有利、最能保全自己的选择。有的矿物也有这样的品格。像自然金，能够被碾压成很薄的金箔而不碎裂。这种韧性在矿物学上称为延展性。另外，有些矿物，如方解石，用刀尖刻划即产生粉末，这种矿物就很脆。

矿物还有弹性和挠性，矿物（例如云母）受力变形后又能够恢复原状态的性质称为弹性，即所谓“大丈夫能屈能伸”，也有的矿物受力后不能恢复原状，称为挠性。“挠性”实际就是屈服的意思，和成语“不屈不挠”中的“屈”和“挠”一个意思。

魅力与吸引力——矿物的磁性和放电性

一些长相漂亮的人，很有魅力和吸引力，一些矿物也是如此。例如磁铁矿，它能够吸引铁屑，这种矿物具有磁性。还有些矿物，像电气石，不仅颜色多变，如七彩彩虹，而且受热后生电，具有除菌功能，因而成为宝石中的宠儿——在宝石界，它还有个贵族般的名字——碧玺。

有句至理名言：“人不可貌相。”意思是衡量一个人要看性格品质，而不要光看相貌。其实矿物也是一样，只有我们更深入地了解了矿物的各种性质，才能更好地鉴别它们，利用它们。

第十三章

矿物世界中的“兄弟姐妹”和“替身演员”

——谈谈矿物的基本特性

花的世界五彩缤纷，而矿物的世界也是多姿多彩，据统计，目前世界上共发现矿物5500多种。就像我们每个人有姓名、身份证、档案一样，每种矿物也有它固定的名字、化学组成及其物理性质，这也是它们之间相互区分的依据。目前常用的矿物分类法是按照化学组成进行归类，包括自然元素大类、氧化物及氢氧化物大类、硫化物大类、卤化物大类、碳酸盐大类、硅酸盐大类、硫酸盐大类以及其他含氧岩大类。矿物的物理性质包括颜色、条痕色、硬度、透明度、光泽、解理、断口、导电性、延展性、弹性，等等。

矿物也像生命一样不断地生长，只不过它们生长得十分缓慢，历经数千年、上万年才能向上“蹿”一点个儿。如同我们人有高有矮、有胖有瘦一样，矿物也生长出不同的体态。就矿物单体而言，有的矿物长成了长柱状，有的则长成了扁片状，还有的则长成了一个立方体或球体，在矿物学上分别称为一向延伸、二向延伸和三向延伸。矿物单体之间还会形成各种造型的组合体，给人呈现了一道视觉盛宴。有的矿物还密集成堆生长，形成了五光十色的晶洞。

我们知道，亲兄弟、亲姐妹不一定长得很像，性格差异也可能很大，《水浒传》中的武大郎和武松就是一个典型例子。而有些没有任何关系的人，却可能长得很相像，

这就有了模仿秀和替身演员。其实矿物中也有“兄弟姐妹”和“替身演员”。那些成因有联系或者化学元素组成相同的不同矿物，我们可以视为“兄弟姐妹”；而那些元素和化学性质不同，但外表形态类似的矿物则是不折不扣的“替身演员”。下面我们就介绍其中两对“兄弟姐妹”和两对“替身演员”，看看如何分辨它们。

最不像兄弟的兄弟俩——金刚石和石墨

在我们人类世界，即便是亲兄弟，性格和处事风格也可能差别很大。其实矿物中也有这么一对兄弟，被称为“最不像兄弟的兄弟俩”，这就是金刚石和石墨。金刚石和石墨都是由碳元素组成的自然元素矿物，但它们的差别太大了。金刚石是自然界硬度最高的矿物，而石墨则柔情似水，一点没有“哥哥”的男人味和刚强。这就决定了它们适合不同的“工作岗位”。

就像勇敢刚毅的人适合干一些攻坚克难的差事一样，金刚石以其极高的硬度受到人们的青睐，各种刀具和钻具，包括玻璃刀、砂轮、钻头等都是它所胜任的领域。此外，古人所说的“他山之石，可以攻玉”，其中的“他山之石”就是金刚石。

石墨虽然软，但也不是没有用武之地，它是制作铅笔芯的重要材料，还可以用来当润滑剂。如果我们的锁生锈

金刚石原石

打不开，涂点石墨就很容易打开。当然，柔软并不代表懦弱。石墨具有抗酸、抗碱和耐火的性能，因此各种模具、耐火坩埚、耐火砖上也能见到它的身影。

为什么同为碳元素构成的矿物，兄弟俩却差别那么大呢？原来它们原子排列方式是不同的。金刚石的原子呈现四面体（三棱锥）排列，而石墨则呈现层状排列。如果感兴趣，你不妨用等长的小木棍（火柴）和橡皮泥搭建一个三棱锥和一个正方体，你会发现三棱锥的结构非常稳定，不论怎么挤压，都很难让它变形，而正方体很容易受到挤压变形。这种基本的几何学知识就解释了为什么金刚石很硬、石墨很软的道理。

鸳鸯矿物——雌黄和雄黄

雌黄和雄黄都属于卤化物矿物，它们都是硫和砷的化合物，它们一起在低温热液矿床或含大量硫质的火山喷气孔产生，是共生矿物，而且经过氧化还原反应可以相互转化，所以它们有“矿物鸳鸯”的美称。

雄黄（橙红色）与水晶、方铅矿伴生

雌黄

“信口雌黄”这句成语大家耳熟能详，其意思是有些人不顾事实，随便乱说，说完之后往往随便改口，出尔反尔。“信口”二字人们容易明白，是随口说话，但为何与雌黄这种矿物联系在一起呢？原来雌黄是一种具有还原性的矿物，其成分为三硫化二砷，柠檬黄色。在古时人们写字时用的是黄纸，如果把字写错了，用这种矿物涂一涂，就可以重写，所以雌黄就是古代的“涂改液”。后来将雌黄的这种功能引申到人的说话中，就形成了“信口雌黄”这个成语。除了修改错别字，雌黄还作为黄色绘画颜料被人们用于绘画中。在敦煌莫高窟的壁画上，就检测出雌黄的存在。由于雌黄中含有砷元素，因此这是一种剧毒矿物，被有些人称为穿上“柠檬黄外衣的杀手”，长期接触会导致人中毒，如果不慎大量摄入还可能直接殒命。故从19世纪起，人们很少用雌黄进行绘画创作和修改错字了。当然雌黄的毒性也是一体两面的，如果科学合理地使用，它又摇身一变成为治病的良药。据《本草纲目》记载，雌黄对于治疗癞疮和牛皮癣具有神奇功效。

雄黄也是常见的硫化物矿物，主要化学成分是硫化砷，也称为石黄、鸡冠石，矿物晶体通常为黄色粒状固体或粉末。雄黄具有一定的药用价值，能够抗肿瘤，对慢性支气管炎及其支气管哮喘具有治疗的功效，对神经性病变也具有止痛作用，此外还具有杀菌作用。聪明的古人早就发现了雄黄的药用价值，故每逢端午节人们都要用雄黄泡酒喝，这已经成为中华民族传统文化中的一部分。但是任何事物都是一体两面的，由于雄黄含有剧毒元素砷，因此如果摄入过量就等于服毒。特别是雄黄在加热到一定程度后会被氧化成三氧化二砷，这是砒霜的主要成分，毒性也就大大增加。

愚人金——黄铁矿

黄铁矿，因为颜色与黄金相似，又与黄金共生，一般

人会误认为是黄金，有“愚人金”的外号。区别黄铁矿与黄金的方法很简单，就是用条痕色。那什么是条痕色呢？矿物粉末的颜色称为条痕色，通常利用白色瓷板，观察矿物在其上划出的痕迹的颜色。由于矿物的粉末可以消除一些杂质和物理方面的影响，所以比表面颜色更为固定，在鉴定矿物上具有重要的意义。因此鉴别黄铁矿和黄金，只需要找一块白色的瓷板，用标本在上面划一下，黄金的划痕是金色的，黄铁矿的痕迹是黑色的。

自然金和黄铁矿

当然黄铁矿和黄金还有其他的区别，例如黄铁矿的硬度要比自然金高，小刀可以刻得动自然金，但刻不动黄铁矿。黄铁矿晶体通常呈立方体形态产出，自然金的晶体虽然也呈八面体或立方体，但较为少见，常呈分散粒状和不规则的树枝状集合体。此外，黄铁矿的相对密度没有自然金高。

“山寨版”金刚石——锆石

黄铁矿可谓是一个不太像的“替身演员”，但是下面介绍的这位“替身演员”可有奇才。刚才我们知道，金刚石有个“性情”迥异的弟弟——石墨，但是它还有个高超的“替身”——锆石。

锆石是一种性质特殊的宝石。它有较高的折光率和较强的色散，无色或淡蓝色的品种加工后，像钻石一样有较强的出火现象。由于它在外观上与钻石很相似，因而被誉为可与钻石媲美的宝石，但也正因为如此它也成为制作“山寨版”钻石的主要材料。据统计大约一半的假钻石都是用锆石做的。当然，锆石本身也是一种宝石，它和绿松石、青金石同列为十二月生辰石，象征胜利、好运，是成功的保证。

锆石的高超之处还在于它在地质研究中的应用。它就

锆石

地质学家用锆石测年

像地球年轮的一把量尺，能够告诉我们各种千奇百怪的石头形成于距今多少年。这是因为锆石中含有能够测年的放射性同位素：铀235—铅207。

当然，矿物世界中还有很多其他的兄弟姐妹和模仿秀，如红磷和白磷、赤铁矿和磁铁矿、石膏和硬石膏等。矿物的世界精彩无限，还有更多的秘密和财富等待我们人类去发现和探索。

第十四章

矿物中的金刚，宝石中的帝王

——钻石

“珠光宝气”这个成语是形容人们佩戴了美丽稀有的宝石而显现出了雍容华贵之气质。宝石是一个庞大的家族，据统计目前可以用作宝石的材料有200多种，但是它们都必须有三个共同的特点：“美”“久”“少”。“美”就是颜色艳丽、纯正、匀净，或透明无暇、光彩夺目，或呈现猫眼、星光、变彩等特殊的光学效应。“久”是要求宝石必须耐磨，化学稳定性高，具有永葆艳丽姿色的品质。“少”则是宝石珍贵的根本原因。在宝石中，钻石以其出众的品质成为其中的佼佼者。

金刚石原石

钻石的英文名称为Diamond，起源于希腊语adams，有“坚硬无比”之意。难怪有一句经典的广告词：“钻石恒久远，一颗永流传。”钻石之所以能够“恒久远”，能够“永流传”，一方面源于它的独特的宝石品质：它是世界上最硬的物质，是在地球深部高温、高压条件下形成的一种由碳元素组成的单质晶体，折射率高，金刚光泽强，色散强；另一方面源于它的文化价值：它象征着爱情，用它做成的戒指是千千万万走进婚姻殿堂的情侣相互交换的信物；它象征着能力和手艺，“没有金刚钻别揽瓷器活”这句至理名言已经家喻户晓；它象征着权力，它是英国女皇的皇冠和手杖上的重要装饰物。

钻石有多么珍贵，我们从它的计量单位就能略知一二。钻石不论斤卖，不论“两”卖，也不论“克”卖。我们常用的钻石计量单位是“克拉”，英文carat，通常缩写成ct，从1907年国际商定为宝石计量单位开始沿用至今。1克拉只有1克的1/5，但是实际交易时，克拉这个单位都显得大了。所以我们还需要把1克拉均分成100份，每一份叫作1分。像结婚的钻戒，通常是几十分，就是零点几个克拉。

钻石中的明星

钻石中有很多明星，最耀眼的当然要数钻石之王——库里南钻。1905年1月25日，在南非的普列米尔矿山，有一个名叫威尔士的经理人员偶然看见矿场的地上半露出一块闪闪发光的东西，用小刀挖出来一看，是一块巨大的金刚石，足有一个成年男子拳头般大小。后来经过称重，是3106克拉，迄今仍是钻石的世界纪录。1908年年初，库里南钻被送到当时琢磨钻石最权威的城市阿姆斯特丹加工。由于原石太大，须要事先按计划打碎成若干小块。库里南钻被劈开后，由三个熟练的工匠每天工作14小时，琢磨了8个月。一共磨成了9粒大钻石和96粒小钻石。这105粒钻石总重量1063.65克拉，为库里南原重量的34.25%。其中

最重的一粒为530.2克拉，后来镶在英王的权杖上。

除库里南钻外，世界上还有很多明星钻石。如1966年发现的克莱伯顿钻石，毛坯重240.8克拉，它被好莱坞影星理查德·伯顿花110万美元购下作为给爱妻的生日礼物，后来这颗钻石成为一个著名品牌。又如“蓝色希望之星”，它早在300多年前就被人发现，地点是印度，经过粗加工后重112克拉。这块钻石曾经是法王路易十四的宝物，在法国大革命时期一度下落不明，后来在1830年又在荷兰出现，可谓拥有曲折离奇身世的一枚钻石。再如“光之山钻石”，它最早的记载可以追溯到1304年，后来经切割后镶嵌在维多利亚女王的王冠上，重108.9克拉。

在我国发现的钻石要比库里南钻小得多。1937年，在山东郯城曾找到过一颗重达281.75克拉的钻石，即“金鸡钻石”。遗憾的是，金鸡钻石在抗日战争时期神秘遗失，至今下落不明。我国现存的最大钻石是常林钻石，重达158.786克拉，是山东临沭县姑娘魏振芳于1977年发现并上交国家的，目前存于中国人民银行。

如何评价钻石

目前国际上已经制定出较为统一的、公认的钻石评价标准。这个标准主要包括四个方面的内容，即克拉重（Carat weight）、颜色（Color）、净度（Clarity）和切工

（Cut）。由于这四个评价标准的英文单词均以字母“C”开头，所以行业上习惯将此称为4C评价标准。

克拉重：在其他三个标准相同的情况下，钻石价格与重量平方成正比，重量越大，价值越高。颜色：钻石通常以无色为最好，色调越深，质量越差。在无色钻石分级里，顶级颜色是D色，依次往下排列到Z，在这里只说从D到J的颜色级别，D—F是无色级别，G—J是近无色级别。此外某些具有色彩且颜色均匀的钻石，如黄色、绿色、蓝色、褐色、粉红色、橙色、红色、黑色、紫色等，属于钻石中的珍品，价格昂贵，其中红钻最为名贵。净度：净度分级依据是内含物位置、大小和数量的不同。在十倍显微镜下仔细观察钻石洁净程度，瑕疵越多，所在位置越明显，则质量越差，价格也相应要降低。切工：一颗钻石原石，即使扔到马路上也不会有人注意，是切工赋予它第二次生命，让它有了绚丽的色彩。切工是指成品裸钻各种瓣面的几何形状及排列方式，切工分为切割比例、抛光、修饰度三项，每一项都有五个级别。

标准的钻石型是怎样的

钻石作为宝石的一种，可以被切割成多种形状样式，但最标准、最常见的样式为拥有58个瓣面的圆锥形，这种形态充分利用了钻石的折射率和反射率，使其火彩光芒尽情发挥，达至最佳的折射效果。

这种钻石形态分为冠部和底部两个部分，冠部与底部相交的部位为腰部，是最宽的部分，腰部为一个圆面。冠部上面有一个圆形的平面，称为台面或桌面，台面的直径大约为腰部直径的56%。冠部的面分为主刻面和小面，主刻面为近似菱形的四边形，小面为三角形。冠部的高度约为腰部直径的14.4%。钻石的底部总体为圆锥形，其高度约为腰部直径的43%。

一颗精工切割的钻石所产生的瓣面，其位置和角度都是经精确计算的，使钻石发出最大的光彩。由此可见，切割世界上最坚硬的宝石——钻石，不仅需要先进的设备，更需要切割师有丰富的经验、高度责任心和全神贯注，才能释放钻石全部的光彩。首饰柜台里一颗钻石，可能已经穿越过许多国家，经过若干人之手，通过加工、镶嵌、制作后才成为一件钻石首饰。随着科学技术的进步，激光技术、电子计算机技术的引入，可以使钻坯的设计、切磨更加精确无误。

钻石经常被打磨成58个瓣面的圆锥形，称为标准钻石型（高源　摄）

钻石不光是珠宝首饰，它的用途很广

钻石其实就是金刚石，是这个世界上最硬的物质，具有极强的抗磨性，导热性能好，能够抗酸腐蚀，因此它在工业上用途很广。在电气和仪表工业领域，可以作为拉丝模，用于拉制灯丝、电线、电缆丝、金属丝等。钻石也可以用作刀具，用来加工各种合金、陶瓷等。此外钻探的钻头、切割玻璃的玻璃刀上都少不了钻石的身影。

钻石还融入了我国的传统文化。《诗经》曾有“他山之石，可以攻玉”，意为别的山上的石头，能够用来琢磨玉器，后来引申比喻别国的贤才可为本国效力，或者别人的意见可以帮助自己改正缺点。我国使用的玉器硬度普遍都很高，例如和田玉的硬度可以达到6，此外珠宝玉石中的刚玉，硬度达到9。那么能够雕琢玉器的“他山之石”一定要比玉器更加坚硬，而钻石恰恰符合这个特点。此外，“没有金刚钻别揽瓷器活”是指要有能在瓷器上打孔打锔子的钻头，才能给人修补瓷器。

钻石是大自然赐予人类的宝物，它坚硬耐磨，美丽典雅，它在人类艺术和科技发展中做出了不可磨灭的贡献。

第十五章

自然的艺术品

——观赏石

古人云：“山无石不奇，水无石不清，园无石不秀，室无石不雅。”可见自然界的岩石不仅仅是自然景观，那些造型独特、色泽迷人的岩石还融入了我国的传统文化，成为园林布局、家居装潢的组成元素，也是文人墨客欣赏把玩的艺术品。这些岩石是大自然珍贵的艺术品，人们通过它们抒发情怀，感悟人生。

这样的岩石种类繁多，像江苏的太湖石、安徽的灵璧石、湖南的菊花石、南京的雨花石、福建的寿山石、内蒙古的风凌石早就蜚声国际。此外，广西的摩尔石、山东的崂山绿石、甘肃的黄河石、湖北的三峡石、广东的黄蜡石也在奇石收藏爱好者中风靡。那么这些岩石为什么会有奇特的造型和独特的花纹呢?

在前面几章我们已经谈到，地球的内动力和外动力地质作用是塑造山石地貌景观的重要的原动力，而观赏石的形成也离不开地球的动力作用。地球的内动力作用，例如岩浆活动、变质作用形成观赏石的原石，而后期风吹、日晒、雨淋以及流水等外动力作用则打造观赏石独特的外形。根据目前流行的分类方法，观赏石可以分为传统观赏石，自然矿物晶体，古生物化石，文房石（砚石、印章石），事件石和彩石。本文主要给同学们介绍几种传统的观赏石，包括造型石和图文石。

“惟妙惟肖”中的秘密

造型石之美在于其形，虽然“三分形似，七分想象”，但一些岩石在一定的角度观察的确和人物、动物乃至生活中常见的事物非常相似。造型石多以石质均匀、细腻的岩石为主，例如石灰岩、白云岩、硅质岩等。造型石的“造型”是风化作用的结果。像南方地区雨量丰沛、流水充足，水的作用造就了一些玲珑奇秀的造型石；西北地区干燥少雨，在强烈的风蚀作用下会形成一些独特的造型石。被誉为我国“四大玩石”的太湖石、灵璧石、英石和昆石均属造型石类。

太湖石，顾名思义，以产自太湖沿岸而得名，具体位置是苏州洞庭山太湖边，民间俗称窟窿石或假山石。当然，安徽西南部的太湖县、北京房山周口店、山东临朐县也产太湖石。太湖石实际上就是带有很多孔洞的石灰岩，最能体现观赏石的“瘦、皱、漏、透”的奇美特色。像苏州留园的“冠云峰”，高6.5米，清秀挺拔，四面如画，峰顶似老鹰飞扑而下，峰底似龟头昂首。再如上海豫园内的“玉玲珑”，俏丽精致，石上的72个洞穴洞洞相通，据记载如果将一盆水从石顶灌入，每个孔都会出水。那么太湖石是怎么形成的呢？其实太湖石是水中的产物。在远古时期，我国的很多地区都被大海覆盖，海洋沉积了大量的碳酸钙，后来就形成了海相石灰岩。当这些石灰岩被地壳运动带到地表，再次浸泡在水中，受到波浪的冲击以及水中碳酸的溶蚀，会在岩石表面形成小坑。在这些小坑处波浪会形成小的涡流，进一步使得小坑加深，最后形成洞穴，一件精雕细琢的太湖石“作品”就完成了。那么一件天然太湖石作品，从“制坯”到“雕刻”完成需要多长时间呢？就拿北京周口店地区的太湖石来说，其“石坯子”为新元古代—早古生代海洋沉积的产物，最晚不会晚于4.5亿年前。我国南方地区的石灰岩形成的时代稍稍晚一些，但也不会晚过三叠纪，也就是2亿年前。后期水流冲蚀也要耗费数百万年的时间。可见，每一件太湖石都是数亿年大自然的杰作。

灵璧石又称为八音石，集“质、色、形、纹、声”五者于一身，在中国石文化中占有重要地位。自古以来，灵璧石就受到有名的藏石家追捧，有文献记载的名人把玩的灵璧石包括苏东坡的“小蓬莱”、范成大的“小峨眉”、赵孟頫的“五老峰”以及李煜的“灵璧砚山”。灵璧石形态多变，有的酷似仙山名岳，有的形同珍禽异兽；在岩石上还有各种纹理，与造型相得益彰。更为奇特的是灵璧石敲击声悦耳，似铜磬、木鱼、闷雷、梆子，故也是中国古代制作乐器的重要选材之一。那这种奇特的神石是怎么形成的呢？原来在9亿年前的新元古代，海洋沉积的碳酸岩

受到造山运动的影响，发生变质作用，形成质地坚硬、具有黑色泥晶结构的岩石。之后又伴随着构造运动，岩石表面形成劈理和张节理，白色的方解石填充，就形成纵横交错的纹路。

灵璧石

英石因产于广东英德市而得名。宋代诗人苏轼被贬到英州（今广东英德）时曾发现一件名为“壶中九华”的英石精品，这件奇石“五峰呈不同角度朝天，高低错落有致”，很像九华山群峰，曾题诗“恋我愁吃太孤独，百金归买碧玲珑”表达其想以重金买下的喜爱之情。目前，英石产品已经出口到50多个国家和地区，包括比尔·盖茨在内的名人富豪都曾托人来中国购买。那么英石到底是怎样的一种岩石呢？英石和太湖石一样，也是石灰岩，主要的矿物成分是方解石。由于风化作用，大块的石灰岩产生裂隙，形成很多小的石块，这些石块崩落后散落地表，再经过千百年的风吹日晒和流水冲刷，形成了奇形怪状的英石。

英石

昆石来自江苏昆山的玉峰山，其收藏和开采也有千年的历史，其色白似玉，晶莹剔透，结构独特，形状迥异。陆游在《昆石诗》中用“存根戚密九节瘦，一拳突兀千金值”来评价其价值。昆石的形成也是亿万年前水火交融的结果。在5亿年前的寒武纪，昆山地区还是一片大海，海中沉积了大量的白云岩。后来受地壳运动的影响，地下深

部的热液沿断裂侵入白云岩中，形成了结构呈网状的石英岩，这就是昆石。在昆石的孔洞内，有时还会看到微小的水晶晶簇，似雪花点缀，晶莹瑰丽，其观赏价值也大幅提升。

昆石

除了太湖石、灵璧石、英石和昆石这四大名石外，摩尔石、风棱石、青州石、姜石等也是广为流传的造型石。摩尔石是广西出产的沉积砂岩受到火山影响变质形成的一种变质岩，其线条自然流畅，造型抽象奇特，因与著名雕刻大师亨利·摩尔的作品相似而得名。风棱石多为火山硅质岩，是千百年来猛烈的风吹日晒形成的表面光滑、棱角锋利的奇石。青州石顾名思义，主要产于山东潍坊市下属的青州市，是五六亿年前海洋中的碳酸岩经过风化侵蚀后形成的带有孔洞的奇石。姜石则是一种黄土钙质结核，形态酷似生姜，还是一种矿物药材，曾被收录在《本草纲目》中。

奇特的纹路

一些观赏石拥有婀娜的身姿，而另外一些观赏石则是石中有画，画中带诗，这就是图纹石。图纹石上的纹路通常是成岩时期原生的，例如沉积岩中的层理，火山岩中交叉分布的深浅不一的矿物等，但也有的纹路是后期岩浆活动、成矿作用或者构造运动形成或改造的。

产自长江三峡地区的图纹石以其奇特的花纹、色彩和裂纹，被人们誉为“想象之花”。著名的文字组合石“中华奇石”就来自三峡地区。三峡图纹石主要为白垩纪地层中的砾石，经过千万年的风化、剥蚀和分选形成的表面光滑的图纹石。此外还有些岩浆岩质的砾石，其岩石表面有后期灌入的石英脉而形成的特殊的图案和象形文字。

三峡图纹石大多数是岩石和图案同时形成，而产自广西的红水河石则是大自然在石质画板“精心创作”的结果。红水河石以硅质粉砂岩或者凝灰岩为主，后期受到铁、锰等离子染色、沉淀，并沿着岩石上的微裂隙扩散，形成各种各样的图案，有像山水、人物的，还有呈现纤细的“树枝”和“蕨类叶子”形态的，常被人误以为是植物化石。

除了洪水河石，很多图纹石都会呈现植物的图案，例如湖南浏阳的菊花石，它是方解石呈放射状生长的结果；河南洛阳的牡丹石则是岩浆流动时，白色的长石晶体凝聚，最后在黑色的岩石上出现一簇簇白色的“牡丹花”；产自灵宝的模树石是板岩中的氧化铁、氧化锰在一定温度和压力下深入裂隙，并放射性扩散，固结在同一层面上，呈现“枝繁叶茂”的景象。此外还有一种竹叶石，它是先期形成的未固结的岩石被海浪拍击破碎后再次固结成岩形成，在地质学上称为风暴砾屑灰岩。

在各种图纹石中，还有一种享誉海内外的宝石，那就是来自南京的雨花石。有一首流行歌曲唱出了雨花石中折射出的人生感悟：“我是一颗小小的石头，深深地埋在泥土之中，千年以后，繁华落幕，我会在风雨之中为你守候。”其实，雨花石的形成过程何止经历了千年的风雨，何止见证了一次的繁华落幕呢？雨花石中最吸引人的是表面光滑、颜色鲜艳并带有同心纹层的玛瑙质雨花石，它们形成于恐龙时代喷出的岩浆中，各种染色的化学离子使其五光十色，美不胜收。到了1200万年前，这些玛瑙被古长江流水搬运、磨蚀，在南京雨花台地区沉积下来，形成厚厚的砾石层。除了玛瑙外，蛋白石、玉髓、碧玉岩、燧石、石英岩，甚至是无脊椎动物的化石都是形成雨花石的岩石类型。这些美丽的彩石早在5000年前就被先民们所利用，在南京阴阳文化遗址中发现了用雨花石制成的装饰品；自唐宋直到近现代，许多文豪雅士钟情于雨花石，据传苏轼曾用饼交换小孩子拾到的雨花石，书画家米万钟也曾高价收购雨花石；京剧大师梅兰芳也是雨花石的收藏家；周恩来在南京梅园办公时，曾将雨花石放入碗中置于案头。

观赏石，它们形态各异，颜色丰富，以其婀娜的身姿和惟妙惟肖的造型及图案，打破了人们对于岩石的传统印象。石头不再是冰冷、灰暗、没有生命的，石中有画、有诗、有故事，更有自然之美和人文情怀的交融，而这一切又是大自然亿万年地质作用的结晶。

第十六章

“鲜花”绽放的世界

——石中之花为何怒放

姹紫嫣红的花朵是大自然馈赠给人类的礼物。千百年来，花不仅装扮着人类的生活环境，陶冶着人们的情操，更是人与人之间表达情意的一种重要媒介。数以万计的名言佳句、诗词歌赋都与花有关。“笑看花开花落”更是表达了一种豁达的胸怀和人生追求的境界。除了自然界中的花朵，其实石头中也有“花朵”，并且是亿万年开不败的“花”。

菊花石

菊花作为花卉“四君子”之一，其纤细狭长的花瓣、婀娜的形态以及在深秋傲霜怒放的气节受到人们的喜爱，也使其深深地融入中华文化之中。它象征着不屈不挠的精神，也代表着名士的斯文和友情。而当你在冰冷的石头上也能有幸目睹菊花的风姿时，心中又能有怎样的一种情怀去抒发呢?

在很多的奇石工艺品市场，或者博物馆展厅，大名鼎鼎的菊花石都会占据一席之地。其中有一种来自湖南浏阳，在灰色的石板上，几朵洁白的“花”分布其上，有些还呈现出立体的形态，好似一只只振翅的蝴蝶翩翩起舞。另一种带有“小雏菊”的石头产自北京西山。

这种石头到底是怎样形成的呢？我们先来看看浏阳的菊花石。浏阳菊花石产自湖南浏阳河畔的碳酸盐岩质沉积

湖南浏阳菊花石（赵洪山　摄）

岩中，已有2.7亿年的历史。起初是天青石晶体呈放射状生长，天青石晶体单体呈现细长的菱形柱状，酷似菊花的花瓣。后来天青石被碳酸盐岩和硅质物质所置换，才使得“菊花”的花瓣变白。浏阳菊花石是中国最早发现的菊花石品种，据《浏阳县志》记载，早在乾隆年间，永和镇就发现了菊花石，一时传为奇物，成为文人墨客的把玩之物。清末维新运动的烈士谭嗣同就有一方菊花石砚台，至今仍珍藏在博物馆里。1915年，在巴拿马万国博览会上，工艺大师戴清升用浏阳菊花石制作的“映雪”花瓶一举摘得了博览会金质奖章。除此之外，在1959年，浏阳人民将一尊巨型菊花石立体雕件献给刚刚落成的人民大会堂，也为祖国的十周岁生日增添了一抹亮色。1997年和1999年，浏阳人民又创作了两件具有纪念意义的菊花石雕，分别献给刚刚成立的香港和澳门特别行政区政府。

再来说京西的菊花石。京西菊花石主要产自北京西山地区，其中以海淀区的红山口和房山县周口店地区最为有名。它和浏阳菊花石在花形和花色上都有所差异，其组成矿物是红柱石。红柱石是一种铝硅酸盐类矿物，它可以用来制作火花塞中的耐火材料。它是变质作用的产物，而造成这种变质作用的则是地下奔涌的岩浆。当时地质时代处于距今3亿多年前的石炭纪，京西地区发育了大量的沼泽和森林，沉积了大量的富含有机质的泥岩层。后来到了恐龙称霸地球的时代，岩浆活动开始变得剧烈起来。在距今约1.3亿年时，地下的岩浆沿着裂隙上升，与早先沉积的泥岩层接触，导致了变质作用发生，形成了红柱石角岩。由于红柱石在不断的生长过程中受到周围淤泥的阻力，故不能形成大的晶体，而是呈现一种放射性排列的生长状态，形成了今天闻名天下的京西菊花石。

沙漠玫瑰和洞中石花

沙漠玫瑰是生长在沙漠低洼处石膏或重晶石的结晶体，它的外形酷似玫瑰，又生长在沙漠中，故被称为“沙漠玫瑰”。它没有玫瑰花的叶和刺，只有花朵默默地开放在戈壁滩中，但它永远不会枯萎，也不会凋零。它是天然石头中为数不多的像花矿物，具有很高的观赏价值。它是沙下湖在极其干燥的气候中，水体在沙砾中不断升腾、蒸

发作用下，硫酸钙或硫酸钡的溶液中晶体析出，并按照结晶习性和生长空间凝结而成的花朵状。美国的亚利桑那州盛产沙漠玫瑰石，在我国的内蒙古阿拉善地区也产这种沙漠玫瑰石。每到情人节时，一些时尚男女也开始购买沙漠玫瑰石送给情人，既能传情，还能收藏。1972年，美国时任总统尼克松访华时，赠给中国的礼物就有几朵重晶玫瑰花。

石膏形成的沙漠玫瑰（尹超　摄）

和沙漠玫瑰的成因类似，溶洞中的石花也是矿物晶体从溶液中析出而形成的。在北京著名的溶洞景观——石花洞中，除了巨大的钟乳石、石幔、石笋外，还有一朵朵精美的石花。这些石花是碳酸钙晶体从溶液中析出、沉淀，并形成的一种晶簇。当你仔细观察，你会发现“石花”和沙漠玫瑰、菊花石都不一样——它的“花瓣”边界不规整，而是呈现像珊瑚一样的瘤状凸起。这主要是因为含有碳酸钙的溶液缓慢地从洞顶滴下来，是日积月累沉淀的结果。

似花非花

在岩石上我们还经常看到一种像花的化石，它也有花一样的名字，可并非真正的花，这就是海百合。海百合以其形似百合花而得名，其实它不是植物，而是一种棘皮动物，与现在的海星、海参和海胆算是远亲。

一个完整的海百合由冠部、茎部和根部三部分组成，

海百合化石

我们看到的“花朵”部分实际是它的冠部。根据化石记录，这种海中之花早在5亿多年前的寒武纪就在海中吐露芬芳，至今仍顽强地在大洋深处占有一席之地。长期以来，人们一直以为海百合都是底栖生物，但是来自关岭的这些美丽的“水中花”给我们展示了另一种生活方式——同一时代的地层中还发现了木化石，令人惊奇的是木化石上出现了海百合的颈环，这就表明至少有部分海百合是附着在漂浮的朽木上随波逐流，靠“花冠”捕食水流中的微生物生存，是名副其实的游牧部落。

真正的“石中之花”

在石头中，的确有真正的花朵，这便是有花植物的化石。有花植物又称为被子植物，因其种子被包裹在果实中而得名，这是植物发展史上最晚出现的一类高等植物。翻开地球生命的演化史，我们发现在几十亿年前，海洋中就有了一抹绿色。这是地球上最早的植物——藻类。在世界各地发现的千姿百态的叠层石就是它们留下的遗物。大地披上绿装大约在几亿年前，植物由水体登上陆地，我们这个世界从此变得郁郁葱葱。这些植物不仅为动物营造了发展的乐土，还为我们人类储存了丰富的煤炭资源。那“万绿丛中”的“一点红”是什么时候出现的呢?

1996年10月，古植物学家孙革的一个同事到辽西采集动物化石标本，此次他不仅采集到珍贵的动物标本，还收获了几块不太起眼的植物化石。回到南京后，他就将这几块植物化石送给孙革。一天晚上，孙革在研究室里小心翼翼地打开用纸包裹着的这几块植物化石，其中有一块呈叉枝状的枝条引起了他的注意。因为在其叶子的部分呈凸起状的结构，很像植物的种子。当他再用放大镜仔细观察时，终于看清在植物的主枝和侧枝上呈螺旋状排列着40多枚类似豆荚的果实，明显具有被子植物的特征——这也许就是世界上最早的花！最终定名为“辽宁古果”。

辽宁古果经过同位素测定的年代是距今1.25亿年前，当时归到晚侏罗纪，而根据2009年最新的国际地层年代表，这个时间应该是白垩纪早期。这把有花植物的历史向

辽宁古果化石

前推进了500万年。从辽宁古果发现到今天已经有20多个年头了，它曾长期拥有“世界第一朵花”的殊荣，直到近些年才有一些更古老的被子植物被发现。

辽宁古果长什么样子呢？它开出的花是什么颜色的？科学家们只能通过化石做进一步研究。辽宁古果的标本是它的果枝部分，看上去很像今天的木兰类。由于它还尚处于裸子植物向被子植物的最初演化阶段，因此不像现在的花那样完整，没有发育花瓣和花萼。按照我们今天的审美标准，它根本不能称为“花”，或者说只能是一朵开败的花。但从辽宁古果的种子被果实包裹这一植物学的最重要特征看，可以确认它是可靠的有花植物。至于花的颜色，目前仍无从考证。

2010年上海“世博会”上，包括辽宁古果在内的10件辽西化石精品在辽宁馆闪亮登场，来自世界各地数以万计的人们一睹了它的风采。我们有理由为它的出现而感到骄傲，因为它不仅是绽放在地球上的早期花朵，更是绽放在世界古生物学界这个花坛上的中国之花！

自然界中的花朵五彩缤纷，而石中之花婀娜动人，不论是矿物晶体形成的花朵状晶簇，还是似花非花的海百合，再到真正的石中花——被子植物化石，它们不仅亿万年不败，而且每一朵花都是一个不朽的传奇，每个传奇背后都有一段动人的故事。

第十七章

妖洞不“妖”

——探秘喀斯特地貌

相信不少人都看过六小龄童主演的1986年版《西游记》。《西游记》里除了师徒四人历经八十一难取得真经的故事外，起伏的山峦、秀丽的石林风景和一个个恐怖阴森的妖洞也给观众留下了深刻的印象。当然，在我童年的记忆中，还有一部经典动画片《葫芦兄弟》（也就是《葫芦娃》），里面也有妖洞，妖洞中怪石嶙峋，有很多石柱，还有从洞顶垂直下来的钟乳石，很多毒蛇就盘旋其上。其实，不论是电视剧《西游记》，还是动画片《葫芦兄弟》，里面的妖洞根本不是靠凭空想象创作出来的，这类洞穴在我国乃至世界广泛分布。在地质学上，我们称之为“喀斯特溶洞”。

什么是喀斯特地貌呢？“喀斯特”这个名称来源于斯洛文尼亚海滨的一个叫Karst（音译过来就是“喀斯特”）的地区，当地以拥有众多的洞穴而闻名于世。之所以有这么多的洞穴，一方面是因为这里广泛分布着一种可溶性岩石——石灰岩，另一方面是因为降水充沛。显然洞穴是长期流水作用对岩石侵蚀的结果。如今喀斯特已经成为一个地质学的名词，意思是岩溶作用。岩溶，顾名思义就是岩石被溶解。岩石可分为三大类很多种，能够被水溶解的岩石主要是石灰岩。而溶解的主要方式是化学腐蚀，其次是水流的冲击。中国有句成语“滴水穿石”其实就是形容岩溶作用。岩溶作用可以形成很多地貌景观，除了溶洞外，还有石林、峰丛、石芽、天生桥、天坑、地表钙化堆积等。

认识石灰岩

绝大部分喀斯特地貌都分布在石灰岩分布的地区。那么石灰岩到底是一种什么岩石呢？从前面的章节中我们已经知道，岩石根据成因可分为三大类，即岩浆岩（也称为火成岩）、沉积岩和变质岩。石灰岩属于沉积岩中的一种。石灰岩很硬，也很软，明代政治家、诗人于谦的一首脍炙人口的诗中就生动地描绘了这种岩石的特性：

“千锤万凿出深山”——说明石灰岩比较坚硬。

“烈火焚烧若等闲”——我们生产用的石灰就是煅烧石灰岩获取的，在初中化学课上我们会学到这样一个化学反应：碳酸钙经过煅烧后会形成氧化钙（生石灰的主要成分），并释放二氧化碳气体。

“粉身碎骨浑不怕”——生石灰遇水后会变成白色粉末，最后形成石灰水。从化学上讲，就是氧化钙溶解水后形成氢氧化钙溶液。

“要留清白在人间”——当石灰水溶液吸收空气中的二氧化碳后，会形成碳酸钙白色沉淀，并不断沉积生长。

大部分石灰岩是海底化学沉积的结果，因此在部分地区的石灰岩中常见海生动物的化石，如双壳类、腕足类、

海百合、鱼龙类、幻龙类以及大量的鱼类。其中有一种叫生物碎屑灰岩，这种石灰岩内几乎都是古生物的碎屑，它对石油资源的形成也有重要的意义。在地理课上我们知道，中东和北非是世界主要的石油出产地，而那里的石油很多储藏在含有厚壳蛤化石的石灰岩中。

探秘溶洞

溶洞毫无疑问是水溶蚀形成的山洞。虽然我们早已听过“滴水穿石”的典故，但是柔软的流水能够在山体里淘开一个洞穴，的确让人惊叹。那流水到底有什么神奇的力量呢？其实流水的力量不在于其冲击力，而在其腐蚀能

北京石花洞内的钟乳石和石笋（尹超　摄）

力。我们在初中的化学课上会学到，空气中的二氧化碳溶于水后会形成碳酸。而这种碳酸对以方解石、白云石为主要组成矿物的石灰岩具有巨大的腐蚀作用。如果岩石中有裂隙，这些酸性物质会向下渗透，裂隙会因酸性物质的腐蚀越来越大。如果恰有多条裂隙互相交错排布，侵蚀作用会导致岩石碎裂、崩塌，最终形成洞穴。

溶洞中的那些石柱以及从洞顶下垂的钟乳石又是怎么形成的呢？这是因为从洞顶会不断向下滴水，这种水可不是纯净水，而是石灰岩溶液。石灰岩溶液吸收了空气中的二氧化碳气体形成碳酸钙沉淀。这样日积月累，从洞顶就沉淀出了一根根钟乳石。在每个钟乳石正对应的地面上也会沉淀出一根根石笋。最后石笋和钟乳石相连接，就形成了石柱。除了钟乳石、石笋、石柱外，在溶洞

贵州织金洞同的石柱（赵洪山　摄）

中我们还会看到漂亮的石幔、石瀑布。如果加上七彩的灯光，更是美不胜收。

溶洞在很多神话传说中都是妖魔鬼怪的洞府，《西游记》中更是如此。那么溶洞到底有没有“妖气”呢？溶洞中会偶尔有生物生存，最常见的是一些罕见的蝙蝠和蝾螈，除此之外根本没有什么妖魔鬼怪。相反，溶洞中的温度波动很小，冬暖夏凉，为古人类提供了居住的场所。像我们熟悉的北京猿人，就居住在周口店的溶洞里，后来因为溶洞塌陷和填充，他们才被迫移居他乡。如今这梦幻般的溶洞成为我们的风景名胜，像北京的石花洞、银狐洞，辽宁本溪的水洞，桂林的芦笛岩，贵州的织金洞，湖北利川的腾龙洞，浙江金华的双龙洞，湖北宜昌的三游洞等都是著名的旅游景点。

喀斯特神奇

除溶洞外，喀斯特地貌还有很多种，我们常见的有石林、峰丛、天坑等。

在石灰岩被强烈溶蚀的地区，流水会将大片区域的石灰岩切割，形成许多凹槽。凹槽中间的石头形成一座座石芽。大型的石芽密集分布，就是石林景观。在春城昆明东南70千米处就分布着大面积的石林。很多石头都有独特的造型，最为著名的当属阿诗玛的化身。

还有些地区会形成峰林、峰丛景观，以桂林山水和贵州万峰林景区为代表。“山青、水秀、洞奇、石美”是桂林山水的四大特点，当你乘船在漓江上穿梭，的确有一种“船在江上走，人在画中游”的体验。那这被誉为“甲天下”的山水奇观到底是怎么形成的呢？原来漓江两岸的各个山峰是一大块石灰岩，这块石灰岩是3亿—4亿年前在海底逐渐沉积而成的，后来地壳运动将这一大块石灰岩抬升到地表，经过流水的切割侵蚀，形成了大型的石林景观。后来石林继续被侵蚀，不断发生崩塌，最终形成了峰林景观。可见，这“甲天下”的美景是大自然经过几亿年的精雕细琢才有的。2014年，桂林山水也获取了它应有的殊荣——它被联合国教科文组织列入世界自然遗产。

天坑是溶洞顶部塌陷后，或者地面岩溶漏斗形成的被陡峭岩壁环绕的洼形地貌。目前在世界上发现确认的天坑约80个，其中有超过50个在中国。中国的天坑分布在南方喀斯特地区，绝大多数位于黔南、桂西、渝东的峰丛地貌区域。其中重庆奉节小寨天坑深666.2米，坑口直径622米，有“天下第一坑”的美誉。

在四川北部黄龙—九寨沟一带，还有一种特殊的喀斯特地貌——钙华沉积。这里分布着大小不等的693个钙华池子，称为“五彩池”。这是黄龙周围的雪山融水不断侵蚀石灰岩，溶解了大量的碳酸钙物质，之后因为水温和压

力的降低，大量的碳酸钙淀积于植物的根茎、倒木或落地枯枝上，日积月累，形成了厚数十厘米、高十余厘米至两米不等的坚固的碳酸钙围堤。随着地势的高下和地形的起伏，结成的钙华呈阶梯状叠置。漫山遍野的灰华围堤，围成各种妙趣天成、形状绝妙的水池。湖水色彩主要源于湖水对太阳光的散射、反射和吸收。放眼望去，满山遍野的池水如同水彩调色板一样呈现缤纷的色彩。这里也被联合国教科文组织列为世界自然遗产。

四川黄龙钙华五彩池也是喀斯特地貌的一种

喀斯特地貌是大自然赐给人类的礼物，它是一首诗，蕴藏着大自然的哲理；它是一幅画，塑造着美的神话。有机会，请走进这里去感受自然的神奇吧。

第十八章

大江之水造神奇

——河流的地质作用

河流——自然界呈线性流动的水体不仅滋润了沿岸的土地，哺育了各种生灵，而且成为许多人类文明的发源地。千百年来，赞美河流的诗词佳句乃至流行歌曲不绝于耳。“九曲黄河万里沙，浪淘风簸自天涯”“君不见，黄河之水天上来，奔流到海不复回”“你从雪山走来，春潮荡涤着尘埃，你向东海奔去，涛声回响在天外”…… 这些流传了千百年的脍炙人口的诗句以及传唱了几十年的歌曲，不仅是对江河流水磅礴气势的描述，而且抒发了对人生的感悟和情怀。

从地质演化和地貌发展的角度看，河流是非常重要的外动力地质作用，它就像是自然的雕刻师，塑造了形形色色的风景，也给我们人类带来了无尽的财富。

弯曲的美

自然界中真正呈直线的事物并不多，曲线是主要线条。特别是河流，可以说天然形成的河流没有一条是直线的，它们都弯弯曲曲。你知道吗？河流在发展演变的过程中河道不会一成不变，而是“弯”越来越多，并且不断变换着位置。从一个较长的时间看，河流就像一条蛇不断地摆动。这是为什么呢？

首先我们知道在物理学上有惯性，这种惯性在乘车时感受得非常明显。当车进入弯道时，我们会感到身体向弯

河流蛇曲和牛轭湖（卞跃跃 摄）

道的外侧倾斜，即所谓的离心现象。那么流水同样如此。当流水进入弯道时，主水流不再位于河道中央，而是偏向弯道的外侧（地质学上称为河流的凹岸），这样弯道外侧的河岸会受到水流的冲击和侵蚀，而弯道内侧的河岸（地质学上称为河流的凸岸）几乎不受冲击，并且会有大量的泥沙沉淀下来。长期如此，凹岸不断后退，凸岸不断前进，弯道就会越来越弯。

当河流的两个弯道几乎连在一起时，如果此时来了洪水，会直接冲过来，造成截弯取直。以前弯曲的河道就逐步废弃了，成为牛轭湖。之后取直的河道会再度出现弯曲，然后又会截弯取直。

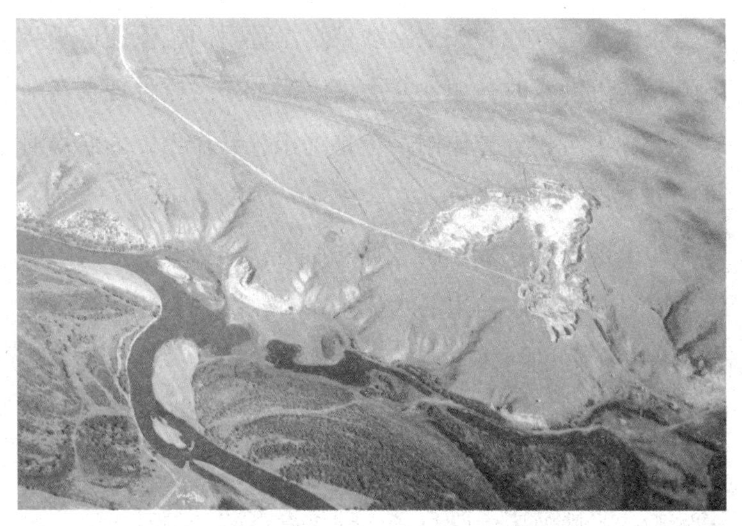

刚刚截弯取直的河流（卞跃跃 摄）

掌握河流的这种特点是我们做好防洪工作的根本。我们都知道河流两岸都要设防洪区，特别是在弯道的地方，其中的道理就不言自明了。

大自然的筛选师

不知你有没有见过工地的筛子，当工人铲起一铲砂子将其倒入筛子后，里面大大小小的石头就会被筛出来。河流也是一个天然的筛子，它能将砾石、砂土按照颗粒的大小分选出来。这是为什么呢？

我们知道流水可以搬运东西，当水流很大的时候，很多大的石头块都能被冲走，但是一旦流速降低，石块就沉到河底，那些细沙和泥土继续被水流带走。当流速进一步下降，接近静水时，泥沙才大量沉淀下来。这种现象在地质学上称为沉积分异作用。正是沉积分异作用，才使得河流成为大自然的筛选师。

如果你仔细观察一段笔直的河道，你会发现河流中心线水流最为湍急，河边的水流则相对较缓。当我们有机会走到一条干涸的河床上，你会发现河床中心区都是大块的砾石，而河床边缘区则是小块石头带有泥沙，这就是河流分异作用造成的结果。此外，在河流的上游区域，一般水深流急，因此河床中砾石多。到了中下游，随着河流流速降低，泥沙也就大量沉淀。像我国的黄河，由于上游和中游经过黄土高原，流速快，会带走大量的泥沙，到了下游这些泥沙沉淀下来，不断垫高河床，使其成为一条水患严重的地上河。

断头河

目前一些国家之间会争夺领土，动物之间会争夺地盘，其实河流之间也会为地盘展开争夺。每条河流的地盘在地理学上称为“流域”。但是两条河流之间可不是“井水不犯河水”那样和平共处，河流之间也会争夺地盘。最为著名的例子就是黄河多次改道，还曾经占用淮河的河道入海，可谓赤裸裸的侵略。河流的这种侵略称为劫夺，侵

略者往往占据了被侵略者的河道，而受害者则成为一条断头河。

由于受到黄河侵略的影响，如今的淮河已经不直接入海，而是注入洪泽湖。这是名副其实的断头河。后来人们在洪泽湖和黄海之间开挖了一条河道，才使得淮河之水重新入海。

在我国新疆塔里木地区也有一些“断头河”，最典型的是塔里木河。这些河流不是因为被其他河流侵略了，而是因为它们处在封闭的内陆之中，没有入海的出路，加之那里十分干旱，河流最终会消失在沙漠中，当然也有些幸运者会将湖泊作为自己最终的归宿。这样的河流我们称之为“内流河”。

河流带给我们什么

河流作为陆地上主要的流水，对于地貌的塑造作用巨大。首先河流会不断地向源头侵蚀，形成壮观的峡谷。李白的诗句“天门中断楚江开，碧水东流至此回”就描绘了长江美景。此外，雅鲁藏布江大峡谷也是著名的峡谷景观。

当然河流对于人类更重要的贡献则是带来了冲积平原。冲积平原是由河流沉积作用形成的平原地貌。冲积平原上土壤肥沃，地势低平，适合人类的繁衍生息。我国的粮仓——东北平原是黑龙江、乌苏里江、松花江形成的冲积平原。华北平原是黄河、海河、淮河的冲积平原。鱼米之乡——长江中下游平原则是长江的杰作。

河流还会给我们人类带来财富。例如一些黄金就是在河床中发现的。再有就是古代的河流两岸会成为绿色植物的世界，这些绿色植物有可能形成煤炭资源，为我们带来温暖的冬天。此外，河流还是人类交通运输的重要通道，像长江就有我国“黄金水道”之称。

地层中的远古河流

和我们人类一样，河流也是有寿命的。一条河流的寿命在几万到几百万年不等，千万年以上的河流是很少见的。但是河流由于其特有的沉积规律，会在远古的地层中留下它们的印记。如果在地层剖面上，我们看到有一层富含砾石的地层，砾石大小相对均匀，而且圆滚滚的，砾石层向上逐步变成了粉砂岩、泥岩地层，并且在各个地层中出现了水流留下的与层面斜交的纹层（交错层理），那么说明这里在亿万年前很可能有一条大河流过。当然河流在地层中留下的遗迹研究起来远远复杂很多。河流的上游、中游和下游以及入海口由于沉积的砾石和泥沙成分有所差异，故在地层剖面上变化很大，在地质上称为“不同的沉积相”。

在北京门头沟靠近军庄火车站的地方我们就能够找到一个古河流沉积下来的剖面。这个沉积剖面在地层上属于二叠系红庙岭组，也就是说这里在2.7亿年前有一条河流。在剖面上我们可以看到黄色的砾石层、砂岩层和黑色的泥页岩呈现交替成层的现象。在黑色的泥岩层中还能看到植物化石碎片。很显然，砾石层和砂岩层代表古河流的河底，而含有植物化石碎片的黑色泥岩层则代表了长满植物的河滩。

北京门头沟军庄的古河流沉积剖面

河流承载了人类数千年的文明，虽然它们的水量相对于地球上的总水量，甚至相对于地球上的淡水总量都微乎其微，但是河水却是人类使用最多的天然淡水资源。我们对于河流的认识还很少，加之世界上的主要河流大多受到工业污染和人类拦河筑坝的影响，其自然的功能大大降低，一些干旱区的河流还面临着永久消失的危险。因此，保护和善待大自然给我们的这笔宝贵财富已刻不容缓。

第十九章

博古通今
——文物古籍中的地质学

地质学虽然作为一门独立的学科只有二三百年的历史，但是在我们很多的文物和古籍中都能找到地质学的踪影。可以说，地质学也是一门博古通今的学科。

从不合常理中找“常理”

古代的一些建筑布局或者古代描述的古地理位置，对于考古工作者来说往往造成困惑。例如我国古代的民居一般依山傍水——这不仅有风水学的影子，而且便于生活。可是在我国西北黄土高原上，很多古代民居建在高出河面几十米的陡坡上；相反淮河下游的泗州城遗址却建在水下。如果说房屋建在几十米高的陡坡上是为了防洪还好理解，但是整个古代城池建在水下，这就不合常理了。这是什么原因呢？其实我们脚下的大地还在运动，有的地方抬升，有的地方下沉，地质学上叫作“新构造运动”。正是因为新构造运动，造成古建筑和城池的位置发生了变动。

又如今天江苏镇江的金山寺，古籍中有“水漫金山”“渡船上金山”的说法，这显然和今天的常识不符。或许你会认为古人是面对洪水灾害而做的记录。其实不然，在金山寺西侧石壁上还有一幅古代金山的图，图中明显标明金山原来是长江中的一个小岛。根据地质学研究，清道光年间之后，由于长江河流改道和淤积，金山从一个江中小岛演变为河漫滩，最后直接成了陆地。

再如，考古工作者往往会看到一些宝塔、石碑和古建筑因为古代地震活动而开裂，可他们有时会对开裂的位置和方向感到好奇。因为按照建筑学的常识，当发生地震时，建筑物的薄弱处（如接缝、拼合的地方）最容易开裂，但实际并非都是如此。后来这个问题还是要推给地质学家——原来这些建筑开裂的方向往往与当地的地质构造线（如大的断层延伸方向）一致。

“护佛”还需知山水

石窟佛像艺术可以说是我国古代文化艺术的瑰宝，如今很多石窟佛像面临自然破坏的风险，这对文物保护工作提出了很大的挑战。那么作为佛教文化悠久的古国，我们如何去保护那些石窟佛像呢？这还要请教地质学这位“医生”。

佛像都是雕刻在山石上，山石的岩性以及所处的气候区对于佛像的命运至关重要。例如山西云冈石窟和洛阳龙门石窟就因为地质条件的不同而命运不同。山西云冈石窟是雕刻在侏罗系砂岩上的造像，时间为北魏时期，距今已经有近1600年的历史。河南洛阳龙门石窟的卢舍那大佛则是雕刻在寒武系石灰岩上，时间为唐代武则天时期，距今1300多年。虽然两者建造时间相差了约300年，但这绝不是影响佛像命运重要的因素，其重要的因素在于山体的岩性。

砂岩是一种比较疏松的岩石，极易受到风化作用的影响。由于山西大同地区早晚和一年当中的温差较大，砂岩经过常年热胀冷缩，会出现裂隙并且剥落。同时流水对砂岩的破坏作用也很大，当水长年累月地侵入砂岩的孔隙，会使其软化，将里面的胶结物溶解，砂岩就会变成一盘散沙。因此在云冈石窟，我们会看到很多佛像残缺不全，有的已经面目全非。相反，石灰岩就坚硬很多，抗风化能力也强于砂岩，故经历了1300多年风霜雨雪洗礼的洛阳龙门卢舍那大佛至今岿然不动。

云冈石窟佛像上的小孔洞是排水用的

在佛像上我们还会看到古人凿出的很多小孔以及一些方形小坑。你或许觉得这是破坏文物，是对佛的大不敬。其实，从地质学角度看，这正是用科学的方法“护佛”。那些小孔正是排水的通道，而小坑则是以前所建的阁楼遗迹。因为砂岩很怕流水侵蚀，石灰岩也同样如此，故要让佛像万年不倒，排水必须做好。此外建设阁楼将佛像保护起来，防止其暴露在风吹日晒之下，也是对佛像的一种有效保护。像雕刻在红色砂岩上的四川乐山大佛，就曾经有过阁楼保护，才使得1300多年后大佛的面容依然清晰。

古诗、古籍中的地质学

一些朗朗上口的古诗以及流传千百年的重要古籍中，也有很多地质学的影子。

唐代诗人刘禹锡写的《浪淘沙·六云》："日照澄洲江雾开，淘金女伴满江隈。美人首饰王侯印，尽是沙中浪底来。"就科学地阐释了在河沙中淘金的经验。诗中的"澄洲"指的是河中的沙洲，在地质学上称为"心滩沉积"，"江隈"则是河流转弯处，在河流弯道的内侧，也会有大量的泥沙沉积下来，地质学上称为"河漫滩沉积"。很多沙金都是在这两个地方找到的。明代政治家、诗人于谦的《石灰吟》："千锤万凿出深山，烈火焚烧若等闲。粉身碎骨浑不怕，要留清白在人间。"说明了石灰岩的用途以及其化学特性，大家可以详见本书喀斯特地貌那一篇。

我国宋代的著名科学家沈括精通数学、物理、天文、地质、医学、气象等多门类自然科学。他57岁时退出仕途，来到江苏镇江购置梦溪园定居，晚年专心从事著述，完成了《梦溪笔谈》，书中有相当多的篇幅是地质学论

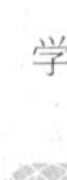

著。例如在《雁荡山》一篇中，记载了雁荡山“诸峰皆峻拔险挺，上耸千尺，穹崖巨谷不类他山”。他认为这种地貌特征是由于山谷受大水冲击，沙土尽去的结果。这一见解比欧洲人最先提出流水侵蚀地貌的见解早了600年。再如他在陕西做官时对河岸边土中的“竹笋”化石进行了记录：“得竹笋一林，凡数百茎，根干相连，悉化为石。吾乃旷古以前，地卑气湿而宜竹耶？”虽然经证实，沈括所谓的竹笋化石实为三叠纪的新芦木，但是他根据化石推断出今天干旱的陕西地区在旷古以前气候湿润的观点完全正确。欧洲地质、古生物学家通过化石推断古环境的观点要比沈括晚400年。

此外，像郦道元的《水经注》中有关于河流演化以及大同古火山的记述，徐宏祖的《徐霞客游记》中对喀斯特地貌有系统的描述，这些都构成了我国乃至人类地质学早期发展的萌芽。

谁塑造青花瓷的美

有一首融入中国传统文化底蕴的流行歌曲来赞美古代的一种器物，那就是《青花瓷》。歌词中这样唱道：“天青色等烟雨，而我在等你；炊烟袅袅升起，隔江千万里；在瓶底书汉隶，仿前朝的飘逸； 就当我为遇见你伏笔。天青色等烟雨，而我在等你； 月色被打捞起，晕开了结局；如传世的青花瓷，自顾自美丽，你眼带笑意。”可以说青花瓷是中国古代瓷器登峰造极的产物，特别是元代的青花瓷更是几百年来被许多文人墨客和收藏大家竞相追逐的珍品。那是谁塑造了青花瓷的美丽呢？

高岭土——制作瓷器的原材料

其实无论是精美的青花瓷，还是其他各种陶瓷，它们烧制的原料都是黏土矿物。黏土是颗粒非常小的（一般小于2微米）的硅酸铝盐，是由硅酸盐矿物在地球表面风化后形成。除了铝，黏土还包含少量镁、铁、钠、钾和钙等化学元素。烧制瓷器的黏土为高岭土，因发现于中国江西景德镇附近的高岭村而得名。青花瓷那迷人的蓝色花纹是一种叫作苏勃泥青的颜料，这种颜料矿物原产于西亚地区，其主要成分是氧化钴。可见塑造青花瓷美貌的除了古代工匠的高超技艺，自然界中的矿物也是功不可没的。

文物考古，古代文化艺术与地质有关的内容还有很多。因此，如果哪位同学对文物考古和古代文化感兴趣，建议你们也将地质学作为你们的知识积累。这样拥有了科学、艺术和文化等多重内容做基础，相信你们一定能在历史的海洋中快乐地遨游。

第二十章

中国印之美
——印章石

中国印“舞动的北京”以其丰富的文化底蕴和现代的动感将中国传统文化和奥林匹克巧妙结合，成为中国留给奥林匹克和世界文化的一笔宝贵遗产。印章在春秋战国时期就十分流行了。起初它们作为贸易的凭证，同时也是信誉的标志。“印信”“合同”都是中国古代对于印章的称呼，代表着诚信。秦始皇统一中国后，印章成为统治者的法物，是权力和地位的象征。

在几千年的印章文化中，制作印章的材料也逐步融入了文化。从青铜印、金印到现代的橡皮图章、有机玻璃印章，尽管印章的材料不断翻新，但是石印章作为印章中的一大类群，至今仍然在文化发展史中闪烁着璀璨的光芒。那么什么样的石头适合制作印章呢？印章石需要具备色彩艳丽、石质细腻温润、柔而易刻等特点。在众多的印章石料中，福建的寿山石、浙江的青田石和昌化石以及内蒙古的巴林石脱颖而出，成为印章石中的佼佼者。其中寿山石中的田黄以及带有“鸡血”的昌化石和巴林石更是价值连城的宝物。

田黄

“吾闽尤物是天生，见说田黄莫于惊。独特有三温净腻，绝非夸大与倾城。”这是近代著名的金石书画家潘主兰所作的一首赞美田黄石的诗句。田黄石是我国特有的

“软宝石”。全世界只有我国福建寿山的一块不到一平方千米的田中出产，因色相普遍泛黄色，又产在田里，故称田黄石。

田黄雕件

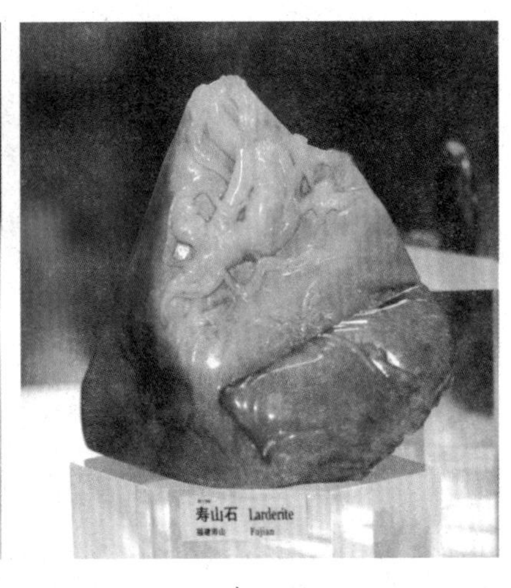

寿山石

田黄从地质学上分类，属于寿山石的一种。寿山石的主要组成矿物为地开石、叶蜡石、高岭石、伊利石、珍珠陶土。田黄的矿物成分主要为地开石。田黄石最著名也是最显著的鉴别特征是那温润的石皮和格纹。它们到底是怎么形成的呢？据地质学家研究，田黄石的母矿生成后，与其伴生的辉锑矿发生氧化形成锑的氧化物。这些锑的氧化物在地下水的作用下对田黄石母矿长期浸润，同时母矿所含的一些铁的氧化物也开始浸润，最终促使其发生特有的色泽变化，形成石皮。后来田黄石的母矿遭受风化、剥蚀和搬运，外表受到损伤而出现一些裂隙。当矿石再次被泥土掩埋后，继续受到氧化铁的浸润，在裂隙处形成格纹。由于浸润作用的差异，致使田黄石呈现不同的颜色，可以分为黄、红、白、灰和黑等色，其中黄色又分为橘皮红、橘皮黄、金黄、枇杷黄、桂花黄、熟粟黄等。

田黄石由于产地仅局限在福建寿山地区，产量小，故具有不菲的身价。最初有“一两田黄三两金”的说法，后来演变为“一两田黄十两金”“一两田黄百两金”等。当然，田黄石的价格高低差别很大，取决于其大小、形状、品质、颜色、雕工以及有无历史背景等。2009年，一块重达20克的清宫老田黄石，曾经拍出了50万元人民币的高价，相当于每克25 000元，而当时的黄金（Au9999）价格是每克200多元。按照这个价格比，真可以用“一两田黄百两金”来形容了。当然，市场上目前普通的田黄石也得几千元一克，几乎是黄金价格的10倍。

鸡血石

“色泽艳丽红似火，石质柔滑血欲滴。”这是一位资深的藏家对鸡血石的赞美之词。鸡血石因其颜色鲜红，宛如鸡血凝成而得名，是中国特有的珍贵宝石，与田黄石并称石中“帝”“后”。

那么鸡血石中的“鸡血”到底是什么物质，它是如何

形成的呢?

“鸡血”的成分是硫化汞，即矿物辰砂，其颜色比朱砂还要鲜红；鸡血石的“地儿”主要由地开石或与高岭石的过渡矿物组成。鸡血石通常产于中生代的酸性火山岩中，当辰砂（硫化汞）渗透到高岭石或地开石之中，逐渐相交相融，成为一体，鸡血石就慢慢形成了。

我国鸡血石根据产地分类，主要分为昌化鸡血石和巴林鸡血石两种。昌化鸡血石产自浙江省昌化县的深山中。据记载，昌化鸡血石的开采历史已有600多年，资源量和开采量逐年减少，已濒于绝迹。巴林鸡血石出产于内蒙古赤峰市的巴林右旗大板以北50千米的“雅玛吐山”北侧。早在1000多年前巴林石就已经被发现，并作为贡品进奉朝廷，被成吉思汗称为“天赐之石”。

鸡血石印章

青田石

“青田有奇石，寿山足比肩。匪独青如玉，五彩竞相宜。”这是现代诗人郭沫若对青田石的描述；“石不能言最可人”是宋代诗人陆游对青田石的赞美。这种产于浙江、已经有1.2亿年成岩史和6000年雕刻史的奇石自古以来就受到人们的青睐。从宋代文人的各种文房雅具到清代乾隆皇帝80大寿时朝臣们赠送的贺礼；从清末频频在国际展会上获得大奖的中国艺术品到中华人民共和国成立后赠送给外国友人的贺礼，青田石都占有一席之地。

青田石作为一种变质岩，是岩浆与围岩相互作用的结果。青田石的矿物成分复杂，多数青田石以叶腊石为主，当然也有的以伊利石，绢云母，地开石为主。在宝石属于分别被称为“XX型青田石”。不同矿物组成的青田石石质和颜色都呈现出明显的差异。如伊利石型青金石以青绿色和白色为主，岩石易脆多裂；绢云母型青田石颜色呈现各种不同的绿色调；地开石型青田石颜色以淡绿、灰白、烟色为主，透明度高。当然在匠人和收藏家眼中，青田石又可分为冻石和普通青田两种。冻石，顾名思义观之如冻，在手电光照射下十分温润，并呈现透明特点，它是大量细小的结晶质叶腊石紧密堆积而成，而普通青田则是结晶相对粗大的叶腊石及其他矿物组成，不透明，但质地温

润细腻、颜色丰富。

青金石除了用于制作印章以外也常被雕刻成摆件、手把件、器皿等。雕刻青田石通常根据原石的自然状态，从颜色、形状、质地三个方面构思与构图，既要最大限度地体现原石的美，也要巧妙地利用自然缺陷体现创造美。雕刻手法以圆雕、镂雕为主，配合高浅浮雕等手法，使作品生动自然。

第二十一章

尚贤

——认识几位地质学家

地球是一部百科全书，也是一部厚重的史书，而带我们解密地球这部书的人就是地质学家。我们对地球上的山川河流、奇峰怪石、矿产珠宝的认识来源于地质学家们的探索与实践。下面介绍中外几位著名的地质学家，他们对地质学理论的产生和发展起到了重要作用。

莱伊尔——找到打开史前大门钥匙的人

我们的地球已经走过了46亿年的漫长岁月，而我们人类只不过区区几百万年的历史。我们虽然不能够像科幻小说那样去穿越时空，去看看史前世界的模样，但我们已经找到了打开史前世界大门的钥匙。这要感谢19世纪英国的一位地质学家——查尔斯·莱伊尔。

1797年，莱伊尔出生在苏格兰。他的父亲是一位小有名气的植物学家，也是第一个让他接触自然博物馆学的人。从小就跟随父亲到野外观察自然的莱伊尔逐渐对自然的演变以及山石、岩层产生了浓厚的兴趣。1816年，19岁的莱伊尔在著名的高等学府——牛津大学结束学业，从此开始了作为地质学家的生涯。

在多年的野外实践基础上，莱伊尔对地质演变过程有了更深入的理解和思考。他发现尽管自然界是千变万化的，但是从一个长期乃至永恒的时间来看，这些变化都在一定的规律下以相对恒定的速率进行。我们今天看到的各种山川河流、峡谷和洞穴都是自然过程不断累积的结果。于是他于1830年出版了他一生中最为伟大的论著——《地质学原理》。在书中，他指出地球的变化是古今一致的，地质过程是相对缓慢的。地球的过去只能通过今天的地质作用来认识，也就是说“现在是认识过去的一把钥匙”。

这一理论从诞生后的一百多年里，一直成为地质学的地质信条，直至今天仍是重要的理论基础。因此莱伊尔被人们称为现代地质学的鼻祖，是第一个找到打开史前大门钥匙的人。恩格斯在《自然辩证法》中，对莱伊尔的贡献做出了高度评价，认为他提出的均变论和将今论古的思想打开了保守思潮的缺口，是杰出的科学成就。

史密斯——第一个用化石丈量地球年轮的人

威廉·史密斯1769年出生在英国牛津郡一个农民家庭。7岁时父亲去世，由其叔叔领养。后来进入一所乡村学校读书。虽然乡村学校的教育水平与伦敦的贵族学校相比可谓天壤之别，但是正是这宝贵的受教育机会使史密斯有机会接触到测绘学，也为他打开了地质生涯的大门。

1787年，史密斯开始给测绘员当助手。1795—1799年，他参与了新运河的施工工作。这四年的风吹日晒、风餐露宿的生活，不仅使史密斯成为工程测绘的能手，也让他有更多的机会接触野外的岩层露头。他注意到，埋藏在

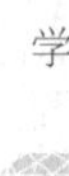

岩层中的化石也像我们居住的楼房一样有固定的“楼层”和“门牌号”，也就是说特定的化石种和化石组合只埋藏在一定的层位中，故可以根据岩层中的化石面貌，判断地层的新老，进行地层的对比，这就是著名的“化石层序律”。今天我们使用标准化石给地层定年的方法就是依据史密斯发现的这一定律。

不仅如此，史密斯也是第一个绘制完成英国地质图的人。从1804年起，史密斯就专注于地质学的研究。他将自己的办公地点搬到伦敦，并花费大量的时间和积蓄到野外考察。1815年，他完成了英国首张地质图，并出版了《英格兰、威尔士和苏格兰部分地区地层概述》一书。之后他又花费了近10年的时间出版了《有机化石鉴定地层》《化石地层层位》《英国和威尔士地质图册》等著作。

然而，他的这些功绩不但没有给他带来财富，反而使得他穷困潦倒，欠下不少外债，甚至被迫将自己收藏的珍贵化石卖给大英自然历史博物馆来还债。1819年，其债权人罚没了他在伦敦的财产，还让他蹲了两个多月的监狱。

1831年，史密斯的贡献终于得到了承认——他获得了伦敦地质学会颁发的沃拉斯顿奖。8年后，他在一次参加学术会议的途中不幸病逝，终年70岁。

史密斯一生虽然清贫坎坷，但他留给地质学界的财富却不可估量，他也是第一个用化石丈量地球年轮的人。

休斯——大地构造学先驱

我们已经知道今天的海陆位置与亿万年前是不一样的，因为魏格纳用证据告诉世人大陆是不断漂移的。其实在魏格纳之前，就有人提出过类似的观点，他就是奥地利的地质学家爱德华·休斯。

休斯1831年出生于英国伦敦，3岁时随家人迁居到捷克的布拉格，14岁又定居奥地利的维也纳。童年的这两次迁居使得休斯能够饱览欧洲的山水风光，也使得他对地质学开始产生兴趣。休斯19岁时就发表了第一篇关于地质学的论文，26岁时就成了维也纳大学的地质学教授。

在休斯的地质研究生涯中，最难忘的记忆莫过于在阿尔卑斯山的伦巴第低地和亚平宁山脉一带开展的地质调查工作，这也为他的学术思想提供了丰富的野外经验和材料。他根据在野外岩层中采集的岩石和化石标本，提出地球在某个远古时期只有两块大陆，北方的是劳亚古陆，南方的是冈瓦纳古陆；在两块大陆之间曾经存在一个古地中海，而今天的地中海是古地中海的残余部分。他还用海神之女特提斯的名字命名了这个古地中海。此外，休斯在其所著的《地球的面貌》一书中提出了“地台”的概念。后来逐步发展为大地构造学中一个重要的学术流派——地台地槽学说。可以说休斯是大地构造学的先驱之一。

1895年，休斯当选为瑞典皇家科学院院士。1903年又获得了英国皇家学会科普利奖章。后来，人们为了纪念休斯的贡献，分别将月球和火星上的一座环形山以休斯的名字命名。

魏格纳——用一生探险的科学家

阿尔弗雷德·魏格纳1880年11月1日出生于柏林。他从小就喜欢幻想和冒险。童年时就喜爱读探险家的故事，他心目中崇拜的偶像是英国著名探险家约翰·富兰克林。为了实现他探险的愿望，他攻读了气象学，并从小立志有朝一日能到冰天雪地的格陵兰岛进行一次探险之旅。1905年，25岁的魏格纳获得了气象学博士学位，第二年他就加入了著名的丹麦探险队，并第一次踏上了梦想中的格陵兰岛。两年的极地考察生涯，他不但积累了大量的野外经验，也获得了更多的地学资料。

如果说去冰天雪地的极地考察是一种探险，那么涉足自己专业外的另一个领域，并提出颠覆性的理论，无疑是人生中更大的冒险。1910年的一天，魏格纳得了重病。在病榻上，他凝望着挂在墙上的地图，意外地发现，大西洋两岸的轮廓竟是如此的对应，特别是巴西东端的直角突出部分，与非洲西岸凹入大陆的几内亚湾非常吻合。自此往南，巴西海岸每一个突出的部分，恰好对应非洲西岸同样形状的海湾；相反，巴西海岸每一个海湾，在非洲西岸就有一个突出部分与之对应。这位年轻的气象学家脑中突然闪现一个念头——南美洲和非洲原来是拼接在一起的。

1911年，魏格纳开始收集资料，验证自己的设想。他首先追踪了大西洋两岸的山系和地层，结果令人振奋：北美洲纽芬兰一带的褶皱山系与欧洲北部的斯堪的纳维亚半岛的褶皱山系遥相呼应，暗示了北美洲与欧洲以前曾经“亲密接触”。其次，非洲西部的古老岩石分布区（老于20亿年）可以与巴西的古老岩石区相衔接，而且二者之间的岩石结构、构造也彼此吻合。接下来，他又找到来自古生物学方面的支持——在巴西和非洲西部发现了中龙化石。如果非洲和南美洲以前就是相隔的大海，而这种淡水陆生爬行动物又不能远渡重洋，这又该如何解释呢？于是1912年，他在法兰克福地质协会会议上正式提出了大陆漂移说的理论。他做了一个很形象的比喻——如果两片撕碎了的报纸，其参差的毛边可以拼接起来，且其上印刷的文字也能相互连接，我们就不得不承认这两片报纸是由一张撕开的。1915年，魏格纳在其著作《海陆的起源》中系统地阐述了大陆漂移学说。

1919年，魏格纳成为德国洪堡大学教授，然而他仍没有放弃钟爱的探险事业。1929年，他率领探险队第三次到格陵兰岛探险，并建立了考察站。1930年11月1日，在返回考察站的途中遇难，而这一天正是他50岁的生日。

魏格纳一生热爱探险，最终将生命留在了探险的路上。而他在地质学领域的探险，为人们科学地认识地球，认识我们脚下的这片大陆打开了求索的大门。

李四光——在石头中为祖国寻宝的人

如今在很多地学类科普场所，你都会见到这样一尊雕像——一位白发苍苍、面目慈祥的老学者拿着一块石头专心致志地研究，这就是我国著名的地质学家李四光。可以说，他是一生与山石打交道，一生在石头中为祖国寻宝的人。

1889年，李四光出生在湖北黄冈的一个贫寒人家。他14岁那年告别父母，独自一人来到武昌报考高等小学堂。其实他的原名是李仲揆，因报名时误将姓名栏当成年龄栏，写下了“十四”两个字，最后将错就错，将“十”改成“李”，后面又加了个“光”字，“李四光”至此得名。

在李四光的早年求学生涯中，他有两次留学的经历。第一次是留学日本，学习船舶制造。回国后成为孙中山领导的“同盟会”中的一员。辛亥革命后，随着袁世凯复辟帝制，李四光被迫再次踏上留学之路。这次，他奔赴更为遥远的英国，学习采矿和地质学，从此他的人生就与石头

中国地质博物馆门前地质广场上的李四光铜像

为伴。

1918年，李四光在伯明翰大学拿到硕士学位后，婉拒了英国一家矿业公司的高薪聘请，毅然回国，在北京大学地质系担任教授。1928年，担任民国中央研究院地质研究所所长。在烽火四起的战争年代，李四光踏遍了祖国的山山水水，对地质构造和矿产、地质的关系做了细致的考察和深入的思考。中华人民共和国成立后，他提出以力学的观点研究地质构造观点和华夏构造体系的概念，并指出在我国华北和东北地区的三个构造沉降带中赋存石油的可能性。1956年，在李四光的主持下，石油普查勘探工作在很短时间里，先后发现了大庆、胜利、大港、华北、江汉等油田，为中国石油工业建立了不朽的功勋。在为祖国寻找石油宝藏的同时，李四光还注意到地质构造与地震的关系，并成功预言了华北地区的多次强震。此外，他提出的中国存在第四纪冰川的理论也被证实。

晚年的李四光，生活很简单，饮食上不沾荤腥，衣着也很不讲究，甚至补丁摞补丁。1971年4月29日，82岁的李四光病逝，而他留下的最为像样的遗物则是他一生积攒的多本野外记录簿和一把锈迹斑斑的地质锤。为了纪念这位伟大的地质学家，2009年10月4日，经国际天文学联合会小天体提名委员会批准，中国科学院和国家天文台将一颗小行星命名为“李四光星”。

翁文灏——创造了我国地质学多个“第一”的大家

“邻集地名山下庄，农村仙境美无双；濒河田富凭耕耘，足食人耕种稻粮。坡不峻高风物丽，水能浸灌获收良；至今尚忆乡居趣，转眼迁移劫后桑。”这是一位老人于1965年写下的诗作。诗中描绘了农村的美景以及对世间万物沧桑变化的感慨，而这也是老人坎坷而精彩一生的写照。

这位老人便是翁文灏，他不仅是一位高产的诗人，而且在他一生中创造了中国地质学界多个“第一”——中国第一位地质学博士、中国第一本《地质学讲义》的编写者、中国第一张着色全国地质图的编制者、中国第一位考察地震灾害并出版地震专著的学者、第一份《中国矿业纪要》的创办者之一、第一位撰写中国矿产志的中国学者、第一位代表中国出席国际地质会议的地质学者、第一位系统而科学地研究中国山脉的中国学者、第一位对中国煤炭按其化学成分进行分类的学者、燕山运动及与之有关的岩浆活动和金属矿床形成理论的首创者、开发中国第一个油田的组织领导者。

翁文灏于1889年出生在一个绅商家庭。1902年，13岁的翁文灏通过乡试中秀才。后来到上海读书，在法国天主教会所办学校学习外文，这为他到海外深造创造了条件。1912年，他在比利时罗文大学获地质学博士，这是中国第一个获得地质学博士的人。

回国后，翁文灏与丁文江等人创办了北洋政府地质调查所，同时还在北京大学和清华大学任教。在搞地质研究的同时，他也招收中学毕业生从事地质研究与生产工作，这些人中很多都成为我国首代地质工作者。1941年，在抗日战争的硝烟中，翁文灏经辗转多方联系，终于促成了北京猿人头盖骨运抵美国的事宜，然而这批珍贵的古人类遗存的丢失也成为翁文灏一生中最大的憾事。1944年，他的次子在抗战中壮烈殉国，也为翁文灏的人生增添了一页沧桑和悲凉。

中华人民共和国成立后，翁老当选政协委员，主要从事翻译及学术研究，出版了多部有影响力的学术著作。

1971年1月，82岁的翁文灏病逝，中国地质学界一颗最耀眼的星辰陨落了，但它留下的璀璨光辉将永照祖国的山川大地。

尹赞勋——推动我国地层学发展的先驱

地球的历史就记录在像书页一样的岩层中，要读懂这本书，首先要会分章分节。在我国地质学的历史上，就有这样一位推动地球史书分章的地质学家——尹赞勋。

尹赞勋1902年出生于河北平乡，从1923年起便留学法国，8年后带着理学博士学位回国，从此开始了国内地质调查与研究工作。30年代，他开展第四纪地质及山西大同火山的调查与研究，获得了重要认识。1940年在贵州遵义等地开展地质工作，绘制完成了中国第一幅古地质图。同时对玉门石油的生成做了详细研究，奠定了中国石油地质学的基础。尹赞勋对中国地质科学发展的另一卓越贡献是把70年代在国际地学领域中异军突起、具有创新意义的板块构造学说介绍到中国地质界，这对于我国学者突破传统地质学“固定论”的思想，开拓人们的思路，以及我国地学界的科研、教学和生产都起到了极大的推动作用。

尹赞勋最为卓越的学术成就来自地层古生物的研究。中华人民共和国成立前，他就注重对笔石的研究，并根据笔石进行地层划分和对比。1949年他写的《中国南部志留纪发层之分类与对比》一文和1965年在澳大利亚的学术报告《志留纪的中国》，为中国志留系研究奠定了基础，被称为“尹志留”。一九四九年后，他领导并亲自参加编制《中国区域地层表》，系统总结全国地层研究成果，编著《地层规范草案及地层规范草案说明书》，对整理、统一和发展中国地层学具有重要的实际意义。1964年，他主持并参加了中国石炭系的深入研究，为整理和澄清石炭纪地层做出了良好示范，所取得的成果博得了国内外的好评。

尹赞勋不仅是成绩卓著的科学家，也是杰出的教育家和中国地学的组织者、领导者。在担任中国科学院地学部主任期间，他协助国家科学技术委员会等部门制定了各项具体科学政策，如第一次全国地学科学规划、中国十年地学学科规划和专业规划等，成功组织召开第一、第二届全国地层会议。他始终重视年轻一代的成长，言传身教、教书育人，为中国地质科学事业培养出一批专门人才。

1984年1月27日，这位功勋卓著的地质学家在北京走完了他82年的光辉人生。为了纪念他的功绩，中国古生物学会设立了“尹赞勋地质古生物学奖”，以表彰在地层古生物学研究方面取得成绩的学者。

丁文江——将生命定格在探矿路上的科学家

1936年年初一个寒风凛冽的冬日，一位年近五旬的学者依旧带着陪伴他多年的“地质三大件”在湖南谭家山煤矿进行考察，但是这一次，他再也没能从矿中走出来——矿中冒出的煤气将他的生命永远定格在考察路上。他就是丁文江——中国地质学界的开山大师之一。

丁文江1887年出生于江苏泰兴一个书香世家，从1902年起他就开始了近十年的海外生涯——先是留学日本，然后又辗转去了英国。在英国期间，他以优异的成绩考入剑桥大学，但由于经济条件的限制，他没能完成在这所高等学府的学业，最终在格拉斯哥大学获得了动物学和地质学双学位。

丁文江回国后，曾担任北洋政府工商部矿政司地质科科长。不久与章鸿钊等人一起创办农商部地质调查所，并担任所长，培养地质人才。丁文江在创办及担任地质调查所所长期间，提倡出版物的系列化，积极与矿冶界协作和配合，并热心地质陈列馆及图书馆的建设。他担任《中国古生物志》主编长达15年，在地学界极有影响。此外，丁文江还作为中国地质学会创立会员，出席并主持了1922年1月在北京西城兵马司9号召开了第一次筹备会议，次年当选为第二届会长。

丁文江十分重视野外调查工作，他是“西南调查第一人”，并且通过实地考察修编了《徐霞客游记》。在考察中，他坚持“不走近路，走远路；不走平路，走山路”的原则，用双腿获得地质研究的第一手资料。丁文江还是一位有代表性的公共知识分子，他倡议创办《努力》周报，积极参与《独立评论》的编辑工作，是著名的“玄学与科学”论战的发起者。

1936年1月5日，这位年仅49岁的功勋卓著的地质学家在考察的途中匆匆走完了短暂而光辉的一生，但他留下的精神财富将激励着中国一代又一代地质学家继续前进！

上述八位只是众多著名地质学家的代表，阅读他们的故事，是一种收获更是一种感动。今天仍有很多地质学家在山川田野洒下辛勤的汗水，他们为人类更深入地认识地球做出了巨大的贡献。

第二十二章

备好的行囊

——漫谈地质野外工作

相信有不少人喜欢游山玩水，喜欢户外运动。还有些人甚至喜欢背起行囊徒步穿越，感受大自然带来的惬意。其实人生就像一次旅行，而为了旅行，我们需要在“行囊”里备好各种需要的用品，有些是每天必备的，有些看似没用，但是它们会在旅途中给你增添乐趣。

在各种行当中，有这样一行人，需要常年到户外与山水、大自然为伴，而干这行的目的是用脚丈量祖国的壮美山河，去大自然中寻找宝藏，他们就是地质队员。

从事地质工作绝不是简单轻松的游山玩水，享受“醉翁之意不在酒，在乎山水之间”的惬意，也不是单单去承受跋山涉水的辛劳，而是苦乐相伴，既需要超强的体力和耐力，更需要智慧，同时也别有一番乐趣。

那么地质工作到底是干什么的呢，地质队员的行囊中到底要备些什么呢?

我们所说的野外地质工作，严格上讲称为“地质调查”，所谓调查就是要获取地质信息。这些地质信息不仅仅是“哪里有宝藏”，而是一个综合性的信息汇总。这些信息主要涉及岩层和地貌，例如岩层的展布情况，岩层的年代，岩层的产状（是否倾斜、走向、倾斜角度等）和构造（是否弯曲变形、断裂）、岩层的岩性、岩层中所含的矿物和化石、岩层与地貌的关系，等等。只有掌握这些信

息，才能为寻找矿产资源、水资源乃至珍贵的珠宝玉石原石提供明确的线索，也为我们的工程建设提供科学的依据。

参加地质调查，我们将背上满满的行囊，行囊里不仅有各种户外用品、食品和水，而且野外的工具必不可少。野外工作可以说与数字“3”有缘，首先，从过程看，每天的野外工作分为准备阶段、户外阶段和室内整理三个阶段，这三个阶段都十分必要；其次，野外工作主要干三件事：测量、记录和采集标本；最后，地质学家将罗盘、地质锤和放大镜称为野外工作的“三大件”，这三样东西是必备的；此外，野外工作的安全和保密是必不可少的，因此所带的地质图鉴、GPS（全球定位系统）定位仪以及手中的野外记录簿被地质队员视为和生命同等重要的三件宝物，是绝不能丢失的。

准备工作

即便你去某地户外野营，也势必要选择好出行路线。而对于地质野外工作来说，路线的选择就更为重要了。路线的选择既要考虑到能够穿越更多的岩层分布区，看到更多的地质现象，同时更要考虑到“可走性”。

什么叫“可走性”呢？户外活动可能大家有些经验，缓坡虽然绕远，但是比陡坡容易走。而那些陡崖是不可能走的。因此选择路线时，就必须选缓坡。那如何在地图上识别陡坡和缓坡呢？我们在中学地理课中会学到等高线。在地质图上也标有等高线，那些等高线疏松的地方表明地势平缓，而等高线密集则表明地势陡峭，当等高线重合时表明那里是陡崖。此外，路线的起点和终点一般是车辆能够到达的地方，故设计路线时最好将起点和终点设在公路上。

因此，在出发前，地质队员们需要查阅大量的图件，在图上选择、标定考察路线。在路线中还需要设定多个点进行GPS定位。路线走得准不准不仅关乎调查成果，更关乎个人的生命安全。在地质考察中，必须十分严格。所谓“差之毫厘，谬以千里”，如果在行进方向上偏差2度，那么经过十几甚至几十千米的跋涉后，会偏差出好几千米。而在荒郊野外，迷路、走错是一件很危险的事。

野外工作

野外工作主要是测量、记录、采集标本。测量就是对地质事物的方位等几何要素进行测量，最常用是岩层的走向、倾向、倾角、山体的坡度、岩层的厚度，此外还有远处特殊地质体相对于你的方向，以及一些特殊地质事物或现象的长、宽、高等，这种测量的主要工具就是罗盘。罗盘是我国古代著名的四大发明之一——指南针。此外

用罗盘测量岩层产状

测绳、皮尺也是不可少的。在这里要说一句，在地质学上，对于方位的精度要求是十分严格的。当你用罗盘对准一个地物时，罗盘的北针所指的度数就是地物相对于你的方向。在地质学上规定正北为0度，正东为90度，正南为180度，正西为270度。假设罗盘的指针指在130度，这就意味着地物位于你介于正东和正南之间，即东南方向。但是正东南是135度，因此130度说明是正东南稍稍偏东一点。

野外记录是非常重要的工作，我们需要将地物、地质现象用铅笔画在野外记录簿上，并且拍照，同时用GPS定位，记录下精确的经纬度坐标。地质野外记录簿是一个红皮的硬皮本，本内的左侧页是坐标纸，右侧页是横格纸。地质野外记录簿一律用铅笔记录，在坐标纸上素描地质现象，在横格纸上记录测量的数据，并描述地质现象。当然，随着技术的更新，目前除了写地质野外记录簿外，还需要用数码相机拍照，并将地质信息直接输入记录仪，这大大提高了记录的精确度。

野外做好记录工作

采集标本工作也十分重要。采集工具主要是地质锤，此外配有簪子、铁镐、钢钎甚至电锯等工具。地质锤一头方、一头尖，打标本时通常用方头敲打，用尖头撬动岩层。地质标本的大小是有规格要求的，通常不小于9厘米×6厘米×3厘米。当然除了特殊标本，一般没必要采得太大，否则会增加搬运的难度。每块标本上都需要有个编号，并且在记录簿上记录在哪个点、哪个地层中采集的——就像我们的身份信息一样。采集到标本后，我们需要立即进行观察。观察的工具是地质放大镜，放大倍数是10倍。用放大镜，我们需要观察标本中的矿物、化石和细微的地质现象，并将这些信息记录下来。这种观察就好比探案，也许一个细节就会对案情有重大突破。我国的地质学家谢家荣曾经带领一个地质小组在淮河南岸开展地质工作，他们就在观察采集的石灰岩标本中辨认了一种微型古生物——䗴。这为之后淮南煤田的发现提供了重要的线索。

用放大镜观察

用地质锤采集标本

对于野外工作的服装，也有严格的要求。即便是烈日炎炎的夏日，也要穿长袖衣裤，并且需要一双软底的登山鞋。因为当你穿越灌木丛或碎石山时，长袖衣服便是一种保护。此外，野外工作点有时会发生崩塌、滑坡、泥石流等灾害，因此护目镜、护膝、头盔也是需要的。

回来整理工作

每天出队回来后是否就可以好好睡一觉了呢？完全不是。还有烦琐的整理工作，包括样品、照片、GPS的数据整理，以及地质野外记录簿的补充完善。俗话说“好脑子不如烂笔头”，如果不及时整理这些信息，将它们一一归类编号，很可能就忘记或者造成信息的混乱，这样白天翻山越岭的辛劳可能就付之东流。此外，有些采集的标本还需要进行切片观察，进行地球化学数据的测定。一些特殊的岩石和化石还需要找专家进行鉴定，这些标本更需要系统整理装箱。

野外工作结束后，就要撰写可能长达数百页的调查报告，并用计算机编制新的地质图件。这些成果将最终为未来更详细的调查、找矿工作提供第一手资料。

对于以古生物研究的野外工作，收队回来后修理化石的工作十分重要。化石修理包括机械修理和化学修理。机械修理方法是用一些凿击、切割等工具手段，将化石围岩剥离。传统的化石机械修理方法主要是用锤子和錾子，用这类工具能比较容易地剥离体积较大的大型化石围岩。自20世纪50年代以来，国外有些博物馆采用电磁笔修理化石，其原理是把电能通过线圈转换成上下震动的频率，通过硬合金的笔尖敲击围岩，以达到化石修理的目的。现代的机械修理工具可以用到牙科用的一些器具，如超声波器具和气动钻等等。有些化石会保存一些比较精细的结构，如皮肤化石、羽毛化石、鳞片化石等，这时候需要用到比普通錾子更细小的工具。小型的化石适合在显微镜下操作，最简单的工具是各种尺寸的钢针。有些化石保存的岩石比较松散，通常用刷子就能将其慢慢清除。有些标本，

用机械修理几乎不可能获得较好的化石，则可以使用化学处理法。通常用的化学处理手段是酸泡法。该方法的理论依据是，化石成分与围岩成分有较大区别。酸类能溶解围岩而较好地保留化石。在酸泡时，须定时用刷子或剔针清理化石表面不能被溶解的围岩，并定时更换新的酸溶液，清洗标本表面，晾干或在略高于室温下烘干，若发现标本表面有醋酸盐晶体，应重新清洗、烘干。对已暴露的骨化石部位，要用加固液进行加固、晾干，之后重新浸泡，重复几次可将围岩全部清除。

机械修理化石

苦与乐的交织

地质野外工作充满着苦和乐。目前很多工作都在西部荒漠和高原区进行，如内蒙古阿拉善、新疆塔里木盆地、青海柴达木地区、藏北羌塘盆地地区。

在荒漠区工作，每天最大的挑战就是水。一般地质队员出发时每人只背两瓶水，上午是不喝水的。在高原区工作，要克服高寒缺氧的状态，此外还要面临反季节的挑战——在7月份，那里也可能看到雪。很多情况下每天要在帐篷里过夜，一两个月洗不了一次澡。还可能遇到豺狼虎豹，或者山崩、泥石流等各种危险。1957年，时任国家主席的刘少奇在中南海接见了北京地质学院的毕业生，他将地质队员比作新时期的游击队员，并赠一杆猎枪作为礼物，以防备野兽。可见地质工作是充满着危险和挑战的。

正是这样艰苦的环境，使地质队员锻炼出开朗豁达的心态，并且形成一个特别团结和能战斗的集体。在野外孤寂的时候，地质队员们有时也会弹吉他唱歌、谈天说地，短短一两个月的时间大家可能就会从素不相识的同行，变成亲密的一家人。而一些朗朗上口的诗歌、歌曲也直接取材于野外地质工作，其中最广为流传的是《勘探队员之歌》，也是中国地质大学的校歌，有时间，大家可以在网上下载，去聆听充满豪情的歌词：

是那山谷的风，吹动了我们的红旗。

是那狂暴的雨，洗刷了我们的帐篷。

是那天上的星，为我们点燃了明灯。

是那林中的鸟，向我们报告了黎明。

我们用火焰般的热情，战胜一切疲劳和寒冷。

背起了我们的行装，攀上层层的山峰。

我们满怀无尽的希望，为祖国寻找着丰富的矿床。

为祖国，寻宝藏！

结束语　让地质学知识充实自己的生活和心灵

地球是一个巨大的宝库，也是一部巨厚的史书，我们仅仅只了解了其中的一部分，本书给大家展示的也只不过是人类已经掌握的地质学知识中最浅层的一部分。地质学既属于自然科学，同时又伴随着文化艺术，充满了人文情怀。了解和掌握一些地质学知识，能让我们的生活更加丰富多彩，让心灵更加充实。

充实生活从收藏开始

不知你是否喜欢收藏，例如积攒公园景点门票、有文化底蕴的饮料瓶、植物标本，等等。其实各种颜色和形态的岩石也可以纳入你的收藏范围。除了刚刚喷发冷凝的火山岩，我们在自然界能够拾到的每一种岩石都是少则几万年，多则数亿年形成的，并且每种岩石都能给你讲述一段地质历史。

我们不妨以京西门头沟为例。在门头沟我们可以看到海洋中的石灰岩，证明了北京曾经是一片汪洋大海。我们还可以看到一些石灰岩受到后期岩浆烘烤而变质，形成了大理岩，这也证明了北京西山地区是一个盛产石材的地方。同样在门头沟的一些地区，我们可以看到与石灰岩岩层毗邻的砾

石层——由于它分选好、磨圆好、胶结好，被誉为“三好砾岩”。这种砾岩与石灰岩可存在代沟，前者至少有4亿—5亿年的历史，后者只有3亿年的历史，这个代沟一隔就是1亿年。在砾岩上还会发现碳质泥岩以及煤层，这些泥岩中还会发现像轮叶、芦木等植物化石。如果你将上述石灰岩、大理岩、砾岩以及含有植物化石的泥岩及煤层各收集一块，你就拥有了一部北京门头沟从5亿年到2亿多年前的地质演化史书——在5亿年前，门头沟地区还是一片大海，并且经常受到风暴的侵袭，大量的石灰岩沉积，特别是还有一种竹叶状的石灰岩就是证明。这些石灰岩在后来的地质变迁中受到变质作用的影响而形成大理岩。从大约4.5亿年前开始北京门头沟抬升为陆地，没有沉积，这种状况持续了大约1亿年。到了3亿年前的晚古生代，北京门头沟地区有一条大河流过，河边形成了大量的沼泽地，沼泽中有大量植物生长，这就形成了我们后来看到的砾岩、含有植物化石的泥岩及煤层。

当然，如果我们出去，除了这些有科学意义的岩石，还能收集一些颜色艳丽、花纹独特的砾石，将这些石头放在鱼缸中或者制作一个水生植物盆景，也别有一番情趣。

很多地质过程和地质事物也对我们的人生有所启迪

我们经常拿自然事物做比喻来励志，也当作写作文的材料。其实，很多的地质作用和地质过程也是如此。例如，我们都说“曲折的人生才精彩”，想想褶皱的岩层也是如此——目前很多高大的山系都是褶皱作用的结果，很多的油气藏都保存在褶皱（尤其是背斜）中。又如，我们常说要坚持积累才能成功——狗头金的形成就是如此。狗头金是一种大型的块金，是流水中的小型沙金经过少则几十万年，多则数百万年乃至上千万年的时光逐渐沉淀而成的。再如，长辈们常告诫我们要经历风霜雨雪的洗礼。很多美丽的地质事物都是经过这样的洗礼才形成的，没有岩浆的烘烤和交代变质作用，就没有温润的玉石；没有大风的吹蚀，就没有壮观的雅丹地貌和奇特的新疆魔鬼城；没有流水的冲蚀，就没有如画般的桂林山水。

了解地质知识，让自己更安全

掌握一些地质知识，特别是地质灾害的知识，对于保护自己的安全尤为重要。如当地震发生时，你最好双手护住头部在墙角或者卫生间这样的狭小空间隐蔽；在地震停止后，按照工作人员指示迅速撤离。此外，下雨下雪天尽量不要去山区郊游，即便是大晴天也不要在山崖下逗留，必要时要戴上安全帽。如果发现路面塌陷要迅速远离，不要上前围观。这些都是用地质知识保护我们自己生命的例子。

同时我们要对一些工程建设，特别是地铁、道路因地质因素而推迟工期多一分理解。住在山区的同学们，特别是家中房屋后面就靠山的同学更要注意山体是否出现异常情况，并请地质部门来进行安全性评估。

总之，地质学是和我们生活十分贴近的科学，也是充满了无穷乐趣的科学。本书仅仅是一个引子，希望同学们能够走进大自然，去学习更多的知识，也特别希望你们当中的一部分人将来成为地质学家，为祖国探寻更多的宝藏。

后 记

《探矿寻宝话沧桑——简说地质学》是一本面向中小学生的科普读物。

作为本书的作者，我自己也有过多彩的童年和少年时光，我从小也对山川和岩石有着浓厚的兴趣，《地球》《化石》杂志以及从国外引进的地学科普读物是我儿时就喜欢翻看的书籍。很荣幸能够最终考入中国地质大学，又能最终成为一名地学科普工作者。

在这本书出版之际，我首先要感谢我的研究生导师，中国地质大学（北京）的周洪瑞教授，是他将我从一个业余爱好者带入专业的大门。我要感谢我的工作单位——中国地质博物馆，正是这座博物馆为我的地学人生铺就了第一块砖。

在本书出版过程中，我也得到了一些老师和专业人员的指导，同时获得了图片上的支持，这里一并表示感谢：

杨志华，中国地质大学（北京），地层古生物专业，博士

赵中宝，中国地质科学院，构造地质学专业，博士后

卞跃跃，中国地质博物馆，史志办，工程师

李知默，中国地质博物馆，宣传联络部，工程师

高　源，北京自然博物馆，科普部，科普工作者

张　萤，始祖鸟科学教育，科普工作者

李　强，记骨斋工作室，专业科普老师

赵洪山，中国地质博物馆，资深摄影师

这本书既是对地质科学知识的宣传，也是我对地质科学科普的一种探索。书中难免有不足之处，恳请各界读者指正。

地球是一部巨厚的史书，而我们人类读到的只是零星几页，还有更多的秘密等待我们去发现、去探索！

尹　超

2018年10月

参考书目

1. 刘本培，全秋琦. 地史学教程［M］. 北京：地质出版社，1996

2. 宋春青，张振春. 地质学基础（第三版）［M］. 北京：高等教育出版社，1996

3. 夏树芳. 地质旅行［M］. 长沙：湖南教育出版社，1999

4. 陈建强，周洪瑞，王训练. 沉积学及古地理学教程［M］. 北京：地质出版社，2004

5. 宋新潮，潘守永，高源等. 博物馆里的中国——倾听地球的秘密［M］. 天津：新蕾出版社，2015

6. 刘学清，骆团结，李慧等. 大地之美［M］. 北京：北京出版社，2012

7. 廖宗廷. 珠宝鉴赏（第二版）［M］. 武汉：中国地质大学出版社，2002

8. 郭颖. 观赏石［M］. 北京：地质出版社，2009

9. 高路. 青田石材料与雕刻工艺［D］. 北京：中国地质大学（北京），2012